旧工业建筑再生利用规划设计

李 勤 张 扬 李文龙 著

U0352513

中国建筑工业出版社

图书在版编目（CIP）数据

旧工业建筑再生利用规划设计／李勤，张扬，李文龙
著 . —北京：中国建筑工业出版社，2019.4
　ISBN 978-7-112-23286-4

　Ⅰ.①旧…　Ⅱ.①李…②张…③李…　Ⅲ.①旧建筑
物—工业建筑—废物综合利用　Ⅳ.①X799.1

中国版本图书馆CIP数据核字（2019）第028634号

　　本书系统阐述了旧工业建筑再生利用规划设计的基本理论与方法。全书共分6章，其中第1～2章主要归纳总结了调研成果，探讨了旧工业建筑再生利用的现状和规划设计的理论基础；第3～5章分别从工业建筑再生利用功能模式设计、平面系统设计、单体建筑设计三个方面研究了规划设计的思路、原则、内容及方法；第6章以多个工程实例为对象，对不同再生模式的规划设计进行了论证和应用。

　　本书可作为旧工业建筑再生利用规划设计从业人员的指导书籍，也可作为高等院校建筑学、城乡规划等专业的教科书。

责任编辑：武晓涛
责任校对：李美娜

旧工业建筑再生利用规划设计
李　勤　张　扬　李文龙　著
＊
中国建筑工业出版社出版、发行（北京海淀三里河路9号）
各地新华书店、建筑书店经销
北京点击世代文化传媒有限公司制版
大厂回族自治县正兴印务有限公司印刷
＊
开本：787×1092毫米　1/16　印张：13¼　字数：262千字
2019年4月第一版　2019年4月第一次印刷
定价：**45.00**元
ISBN 978-7-112-23286-4
　　　（33594）

《旧工业建筑再生利用规划设计》
编写（调研）组

组　　长：李　勤

副 组 长：张　扬　李文龙

成　　员：程　伟　刘钧宁　田伟东　郁小茜　尹志洲

陈　旭　武　乾　贾丽欣　李慧民　田　卫

孟　海　裴兴旺　熊　雄　段品生　熊　登

钟兴举　赵鹏鹏　孟　江　尹思琪　董美美

田梦堃　张广敏　郭海东　郭　平　丁艺杰

谢玉宇　唐　杰　黄培荣　柴　庆　刘怡君

杨晓飞　肖琛亮　张　倩　豆　倩　杨战军

华　珊　陈　博　高明哲　王　莉　万婷婷

牛　波

前　言

　　《旧工业建筑再生利用规划设计》系统阐述了旧工业建筑再生利用规划设计的基本理论与方法。全书共分6章，其中第1～2章主要归纳总结了调研成果，探讨了旧工业建筑再生利用的现状和规划设计的理论基础；第3～5章分别从旧工业建筑再生利用功能模式设计、平面系统设计、单体建筑设计三个方面研究了规划设计的思路、原则、内容及方法；第6章以多个工程实例为对象，对不同再生模式的规划设计进行了论证和应用。全书内容丰富，逻辑性强，由浅入深，便于操作，紧密结合工程实际，具有较强的实用性。

　　本书由李勤、张扬、李文龙著。其中各章分工为：第1章由李勤、张扬、贾丽欣撰写；第2章由张扬、赵鹏鹏、刘怡君撰写；第3章由李文龙、钟兴举、熊登撰写；第4章由李勤、裴兴旺、段品生、孟江撰写；第5章由李勤、李文龙、熊雄撰写；第6章由李勤、程伟、张扬、刘钧宁、段品生、熊雄撰写。

　　本书的撰著得到了国家自然科学基金项目"绿色节能导向的旧工业建筑功能转型机理研究"（批准号：51678479）及"生态安全约束下旧工业区绿色再生机理、测度与评价研究"（批准号：51808424）、住房和城乡建设部课题"生态宜居理念导向下城市老城区人居环境整治及历史文化传承研究"（批准号：2018-KZ-004）及"基于绿色理念的旧工业区协同再生机理研究"（批准号：2018-R1-009）、北京市社会科学基金"宜居理念导向下北京老城区历史文化传承与文化空间重构研究"（批准号：18YTC020）、北京建筑大学未来城市设计高精尖创新中心资助项目"创新驱动下的未来城乡空间形态及其城乡规划理论和方法研究"（批准号：udc2018010921）的支持。此外在编著过程中还得到了北京建筑大学、西安建筑科技大学、中冶建筑研究总院有限公司、中天西北建设投资集团有限公司、昆明871文化投资有限公司、中国核工业中原建设有限公司、西安市住房保障和房屋管理局、西安华清科教产业（集团）有限公司、案例项目所属单位等的大力支持与帮助。同时在编著过程中还参考了许多专家和学者的有关研究成果及文献资料，在此一并向他们表示衷心的感谢！

　　由于作者水平有限，书中不足之处，敬请广大读者批评指正。

作者

2018 年 11 月

目 录

第1章　旧工业建筑再生利用现状分析

改革开放以来，中国工业用地规模从 2000 年的 5104.72km² 上升到 2016 年的 10298.65km²，城市工业用地占城市总面积比例约为 20% ~ 22%，远大于国外中心城区 10% 的工业用地比例。然而，国内工业园区约 80% 的土地均处在低效利用状态，80% 的土地仅仅产生 20% 的税收。市内工业用地面积的缩减，工业用地的转型，成为未来城市发展中必然趋势；同时，在降低建设投资、集约节约利用既有资源、保护工业文明等多种动因的推动下，通过再生利用的方式进行旧工业区转型改造的项目日益增多。大量结构坚固、空间开敞、沉淀着鲜明的工业元素的旧工业建筑，作为城市文明的见证者，经过合理的再生利用规划设计，成为装点城市风貌、凸显城市内涵的点睛之笔。

1.1　我国旧工业区分布状况

中国旧工业区的分布是在原工业区的基础上衍生而来的。中国工业区基本可分为辽中南、京津唐、沪宁杭、珠江三角洲四个工业基地，见表 1.1。

中国四大工业基地　　　　　　　　　　　　　　表 1.1

名称	范围	特点	发展条件	发展方向
辽中南	沈阳/抚顺/鞍山/本溪/大连等	以钢铁、机械、石油化工等为主的著名重工业基地	①区内丰富的资源与能源；②便利的交通；③工业基础雄厚，历史悠久；④技术力量雄厚；⑤农业发达，为发展重工业提供了有利条件。但能源与水源供应不足，环境污染严重	发挥重工业基地优势；更新设备和提高产品质量；调整工业结构，发展第三产业和高科技工业；适当限制高耗能和本地缺乏原料资源的工业发展；加大环境整治力度，改善和优化环境
京津唐	北京/天津/唐山为顶点的三角地带	钢铁/机械/化工/电子/纺织等综合性工业基地	①区内有丰富的资源和能源；②有便利的铁路、公路和近海运输，并有输油管道联结东北、华北的油田；③接近消费市场；④技术力量雄厚；⑤农业基础好	积极发展高科技产业、增加产品类型、加强技术改造；重点发展钢铁、石油化工、海洋化工、电子、高档轻纺和精细化工
沪宁杭	上海/南京/杭州为顶点的三角地带	我国第一大综合性工业基地，历史悠久，结构完整	①地理位置优越，水陆交通便利；②亚热带季风气候，热量充足，降水丰富，雨热同期；③地形平坦，土壤肥沃，水源充足，农副产品丰富，工业基础雄厚；④科技力量强；⑤劳动力丰富，素质高；⑥市场广阔，经济腹地宽广；⑦政策扶持	加强农业发展，加强环境的治理与保护；改造传统产业，加快发展高新技术产业；加快发展金融、保险、外贸、商业等第三产业；调整上海的产业结构，带动长江三角洲的产业结构调整与经济发展

续表

名称	范围	特点	发展条件	发展方向
珠江三角洲	广州/深圳/珠海/佛山/中山/江门等	我国经济最发达地区之一，对外开放前缘地带	①交通便捷；②外来资本；③农产品丰富	在引进外资、先进技术和管理方法的优势下，发展以出口为主的多种加工工业和制造工业，突出外向型经济

随着 20 世纪 90 年代我国大幅调整产业结构、全面推进第三产业发展战略以来，城市的空间结构发生了重大变化，工业重心向新兴工业区或郊外转移。究其原因有二：

一是新技术的引进导致传统工业发展举步维艰，包括西北、东北、西南、上海等老工业基地均呈现出不同程度衰败，许多企业面临"关、停、并、转"的境况。

二是经济发达地区随着产业发展，产业升级转变，逐步实施工业主动转移策略（见表 1.1 第 4 列及第 5 列）。

例如：广东东莞市于 2006 年在周边郊县设立的总开发面积达 4.19 万亩的产业转移工业园区，市区内即产生大面积闲置工业建筑；上海市"十三五"规划将全面取缔造纸、制革、电镀等严重污染环境的"十小"工业企业，截至 2020 年，力争完成 3000 项产业结构调整重点项目，仅 2017 年上海市就有约 96 个项目、629 公顷存量工业用地被纳入盘活转型计划；昆明市也于 2016 年全面启动旧厂区改造工作，2018 年完成规划任务的 80%，2020 年全部完成。我国旧工业建筑再生利用区域分布如图 1.1 所示。

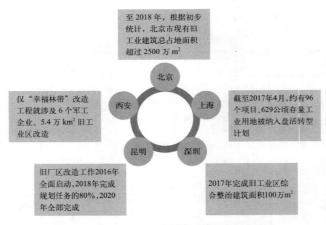

图 1.1　中国旧工业建筑再生利用区域分布

1.2　调研对象与方法

在明确我国旧工业区分布的基础上，课题组选择典型的项目、科学的调研方法开展了调研，为深入剖析我国旧工业建筑再生利用规划设计的现状取得了大量的基础数据。

1.2.1 调研对象

课题组分别于 2010 ～ 2018 年间先后七次对全国七大地区 30 个城市的旧工业建筑进行了深入的调研，整理出其中较为典型的 148 个再生利用项目（如图 1.2 所示）。调研按照从宏观到微观的原则，分别以典型城市、旧工业区、旧工业建筑单体为对象展开调查研究，为系统分析旧工业建筑再生利用规划设计的现状奠定了坚实的基础。

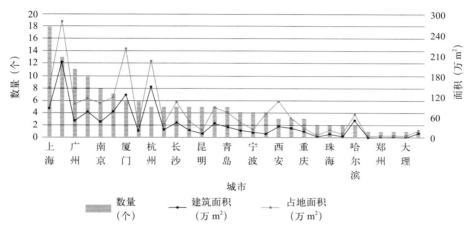

图 1.2 调研城市典型旧工业建筑再生利用项目数量及面积分布

（1）典型城市

由于地理位置、发展定位、政策方针等不同特点，不同城市的旧工业建筑再生利用规划设计往往具有显著的差异性。根据城市中旧工业建筑数量、再生利用项目的知名度及再生效果等因素，课题组选择了我国七大地区 30 个城市（见表 1.2）作为典型城市，挖掘各个城市间旧工业建筑再生利用的特征，以进一步分析、提炼旧工业建筑再生利用规划设计的机理与路径。

调研典型城市分布　　　　　　　　　　　　　　　　　　　　表 1.2

地区分布	地区	城市
华北 地区 西北　　　东北 地区　　　地区 调研 地区 西南　　　华南 地区　　　地区 华中　　　华东 地区　　　地区	华北	北京 / 天津
	东北	大连 / 沈阳 / 哈尔滨 / 长春 / 青岛 / 济南
	华南	广州 / 深圳 / 中山 / 珠海 / 厦门 / 福州
	华东	温州 / 宁波 / 杭州 / 上海 / 无锡 / 苏州 / 南京 / 合肥
	华中	武汉 / 长沙 / 郑州
	西南	成都 / 重庆 / 昆明 / 大理
	西北	西安

（2）旧工业建筑再生利用项目

旧工业建筑再生利用项目的调研，包括对旧工业区和旧工业建筑单体的调研。

①由于原生产工艺的要求，旧工业建筑往往是以建筑群的形式出现的，连同其配套的各类构筑物、大型设备、交通运输设施等，构成了一个有机整体，即旧工业园区。旧工业建筑再生利用的规划设计中，首先应对旧工业园区进行整体的设计，包括模式定位、功能分区、路网设计等。旧工业区的规划设计作为旧工业建筑再生利用中应率先明确的关键环节，将直接影响旧工业建筑文化的传承效果、资源的利用效率、后期经济效益等，是调研的重点对象。

②旧工业建筑单体的规划设计，包括建筑单体的外部立面的设计和内部空间的设计，直接影响旧工业建筑再生利用项目的美观性和实用性，都是影响旧工业建筑再生利用效果的关键。除了对 148 个项目的广泛调研之外，课题组自 2002 年起通过陕西钢铁厂再生利用项目的实践活动展开了针对旧工业建筑再生利用长达十余年的研究。在全面主持并实施原陕西钢铁厂旧工业建筑再生利用之后，课题组还参与了包括大华·1935（原陕棉十一厂，如图 1.3 所示）、昆明 871 文化创意工场（原昆明重工，如图 1.4 所示）、太原锅炉厂（如图 1.5 所示）等项目的再生利用检测及改造设计工作，累计参与改造项目近 89 万 m^2，取得了大量具体、深入的信息资料。

图 1.3　大华·1935　　　　图 1.4　871 文化创意工场　　　　图 1.5　太原锅炉厂车间

1.2.2　调研方法

调研在典型调查法（在特定范围内选出具有代表性的特定对象进行调查研究，借以认识同类事物的发展变化规律及本质的一种方法）的基础上，采用实地观察法、访谈调查法、问卷调查法等方法进行，主要调研方法见表 1.3。

首先，根据文献调查法和实地观察法，选择国内 30 个城市 148 个项目作为调研对象；在调研过程中，通过访谈调查法、问卷调查法等，根据对旧工业建筑再生利用涉及的包括相关政府机构，建设、设计、施工及监理单位，咨询公司，建筑使用者等相关者进行调研访问，引导被调查人员就旧工业建筑再生利用规划设计、建造、使用过程中存在的问题进行阐述。

调研方法一览表　　　　　　　　　　　　　　　　　　　　　　　表 1.3

名称	概念	优点	缺点
文献调查法	通过对文献的搜集和摘取，以获得关于旧工业建筑再生利用相关信息的方法	无时空限制，便于汇总整理分析；资料可靠、人力物力消耗小	是对他人观点的整理分析，难以发现新的观点和问题
实地观察法	对旧工业建筑再生利用项目实地调研时，通过观察记录获得一手资料	生动直接、真实可靠	观察到的往往是事物的表面现象，且受调查者主观因素影响较大
访谈调查法	以再生利用相关人员作为索取信息的对象，依靠其知识和经验进行调查研究的方法	简便直观，能获得更多、更有价值的信息	访谈标准不一，难以定量研究；访谈过程耗时长、成本较高、隐秘性差、受周围环境影响大
问卷调查法	通过向被调查者发出简明扼要的征询表进行回答以间接获得信息的一种方法	能突破时空限制，在广阔的范围内，对众多的调查对象同时进行调查	对被调查对象的文字理解能力和表达能力有一定要求，获取的信息不够生动具体

1.3　城市再生与典型城市状况

1.3.1　城市再生状况

（1）再生特征

旧工业建筑再生利用规划设计之初，首先应明确旧工业建筑的处理方式，根据旧工业建筑利用与否和利用方式，将其分为改变功能后重新利用（简称"利用"）、对原建筑进行保护修复（简称"修复"）、拆除放弃在原土地上重新进行建设（简称"拆弃"）三种方式。在我国不同城市，受到区域经济、文化水平以及外来文化的冲击影响程度的不同，旧工业建筑的处理方式也各有偏向，带有明显的地域特征。以经济人口水平、城市定位等不同特征为主线，不同类型城市的旧工业建筑处理手段具有明显的特点，主要可分为四种类型，见表 1.4（图中坐标根据调研典型项目的原建筑面积进行确定，再生过程中对原建筑以复原、修复为主，以保护原建筑为主要目的进行的，即定义为"保护"型；再生过程中，以再生后功能为设计导向，未着重进行原建筑保护的即为"利用"型；对原

旧工业建筑再生利用项目城市分布特征　　　　　　　　　　　　表 1.4

发展特点		典型城市	原因剖析
重利用型	利用 (0,0,1) (0,1,0) 拆弃　　　(1,0,0) 保护	北京 上海	"重利用"型城市以一线城市为主。这类城市经济水平较高，对生活精神层次需求亦相对提高。单纯出于经济考虑的推倒重建的开发模式已退出主角地位，取而代之的是再生为创意园、孵化基地等多模式的利用处理，实现文化与经济价值的共赢

续表

发展特点		典型城市	原因剖析
重保护型	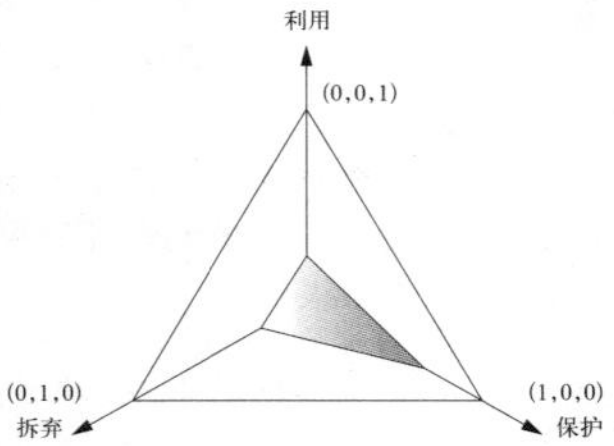	苏州 杭州	"重保护"型城市以历史名城为主。这类城市立足于工业遗产的保护，将这些由老厂房遗址改造而成的博物馆、产业园与工业旅游相结合，产生新的生命和发展可能
重拆弃型	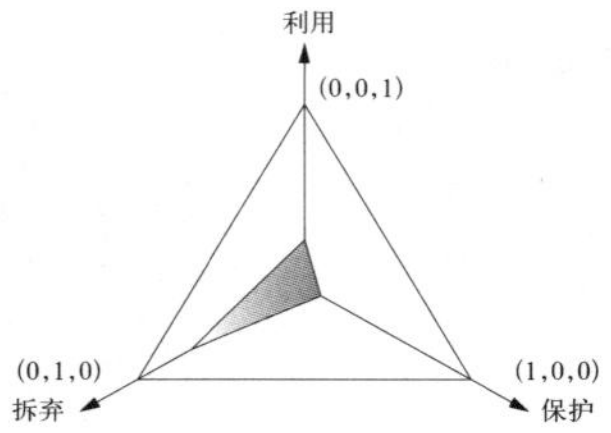	沈阳 大连	"重拆弃"型城市以老工业城市为主。这类城市在更新过程中，经济主导型的城市建设意识仍占上风，很多具有重要价值的旧工业建筑在城市开发中已被拆除，相对于丰富的工业建筑基数，旧工业建筑整体保存下来极少
均衡型	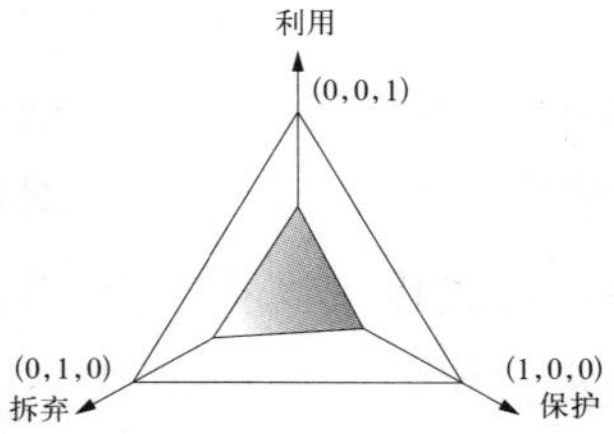	西安 温州	"均衡"型城市以二三线城市为主。随着城市发展进程加速、工业结构调整，在城市内出现大量工业建筑的闲置。同时吸收其他城市旧工业建筑再生利用的相关经验，合理规划，得到了很好的发展

工业建筑进行拆除的即为"拆弃"型。统计各处理方式对应的原工业建筑的面积进行计算，进而确定对应坐标值）。

（2）政策分析

2008 年国务院发布的《国务院关于促进节约集约用地的通知》指出，应按照节约集约用地原则，审查调整各类相关规划和用地标准；充分利用现有建设用地，大力提高建设用地利用效率。党的十八大将全面促进资源节约作为生态文明建设的主要任务之一。习近平总书记在第六次中共中央政治局集体学习时强调，节约资源是保护生态环境的根本之策，要大力节约集约利用资源，大幅降低能源、水、土地消耗强度。党的十八届三中全会强调，健全土地节约集约使用制度，从严合理供给城市建设用地，提高城市土地利用率。2015 年中央城镇化工作会议明确要求，按照严守底线、调整结构、深化改革的思路，严控增量，盘活存量，优化结构，提升效率。这类促进土地集约节约利用的政策的陆续出台，极大程度促进了旧工业建筑再生利用项目的开展（如图 1.6 所示）。

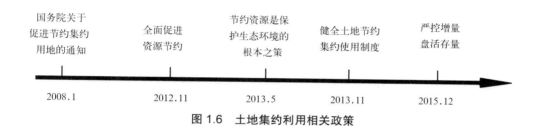

图 1.6　土地集约利用相关政策

在这些上层政策的支持和引导下，各省市结合自身特色，分别制定出台了相关政策来指导旧工业建筑的再生利用，以推动城市风貌提升和产业升级，增强城市活力和竞争力。其中，又以广东、上海、深圳等省市的规定较为前沿和详细，见表 1.5。

旧工业建筑再生利用相关政策汇总表　　　　　表 1.5

省市	文件名称	相关内容	时间
广东省	《广东省推进文化创意和设计服务与相关产业融合发展行动计划（2015—2020 年）》	①明确旧工业建筑再生利用的支持，提倡整合盘活旧工业建筑；②用地手续的办理程序和费用上享受一定的政策照顾	2016.01
海南省	《海南省人民政府关于促进乡村民宿发展的指导意见》	鼓励利用厂矿废弃地采取整合置换等方式发展休闲农业、乡村旅游产业	2018.03
浙江省	《关于在全省开展"三改一拆"三年行动的通知》	明确旧厂房的拆改范围、要求和目标	2013.02
北京	《关于保护利用老旧厂房拓展文化空间的指导意见》	保护利用旧工业厂房，传承拓展文化空间	2018.04
上海	《上海市城市更新实施办法》	建立城市更新工作实行区域评估、实施计划和全生命周期管理相结合的管理制度	2015.05
上海	《关于本市盘活存量工业用地的实施办法（试行）》	①建立控制性关系规划编制要求；②确定盘活零星工业用地的条件、开发方式和使用要求；③制定土地价款补偿方式和要求；④明确土地收储规定；⑤确定工业用地提高容积率；⑥明确全生命周期管理制度；⑦确立违法用地查处规定	2014.05
广州	《广州市人民政府关于提升城市更新水平促进节约集约用地的实施意见》	①促进产业转型升级，推进产城融合；②简化审批流程，强化激励约束；③促进事权下放，管理重心下移，推进"放管服"结合	2016.01
广州	《广州市旧厂房更新实施办法》	①明确关于旧厂房更新改造、规划设计的基本原则；②细化旧厂房更新改造相关部门的职责分工；③明确了改造形式和更新改造方式；④明确了国有土地旧厂房、集体土地厂房改造的方式、范围、程序；⑤规定了土地出让金的计算方法；⑥强调了工业遗产保护的规定	2015.12
广州	《广州市城市更新办法》	①更加注重保障公共利益，实现多方共赢；②加强基础数据调查，优化工作流程；③强化公众参与，实现规范操作；④坚持政府主导，强化市场运作；⑤明确部门分工，实现管理下沉	2015.12
深圳	《深圳市综合整治类旧工业区升级改造操作指引（试行）》	①明确旧工业建筑再生利用实施主体的确定方法；②明确升级改造具体程序	2015.09

在各省市颁布的文件中，几乎都强调了政府主导、统筹规划的重要性（如图1.7所示，分别出自：北京市2018年4月发布的《关于保护利用老旧厂房拓展文化空间的指导意见》；上海市2014年5月发布的《关于本市盘活存量工业用地的实施办法（试行）》；广州市2015年12月发布的《广州市旧厂房更新实施办法》）和具体实施方法，同时，亦制定了具体的再生利用实施主体的确定方法，一定程度上减免了土地性质变更的费用、压缩了办理流程，以最大限度地调动土地权属人的积极性，鼓励旧工业建筑再生利用工作的开展。

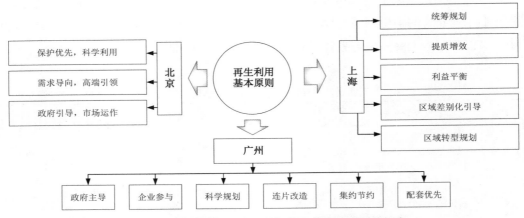

图1.7 旧工业建筑再生利用相关文件中的原则性规定

1.3.2 典型城市状况

（1）北京

北京近代工业始于1879年，与上海、沈阳等城市相比，近代工业基础相对薄弱、发展较为缓慢，但是新中国成立后，国家制定了使北京由消费城市向生产城市转变的目标，北京的工业特别是重工业发展异常迅猛，在钢铁、棉纺、电子等领域处于全国领先水平。20世纪80年代后，随着产业升级和城市发展的再次转型，许多大型工业企业纷纷停产外迁，为旧工业建筑的保护与利用提供了契机。

在2005年发布的《国务院关于北京城市总体规划的批复》中指出，要以工业布局调整为契机，加快企业技术进步和产业升级，推进国有企业改革和发展，加速结构调整进程，实现经济增长方式的两个根本转变，发展首都经济。加快启动市中心区内及周边地区总占地613万 m²134户企业搬迁的工作。用3~5年的时间，使四环路以内的工业企业原则上都进入搬迁改造的实施阶段。以上计划全部完成后，连同1985年以来已迁出的企业占地，规划市中心区内将置换出800万 m²左右土地，工业用地比例将降至7%，基本解决规划市中心区内工业企业的污染扰民问题，同时通过搬迁，形成市中心区体现繁华、郊区体现实力，分布有序，相对集中，产业结构和区域经济结构合理的工业布局体系。至2018年，据初步统计，北京市现有腾退老旧厂房总占地面积超过2500万 m²，有着良好的再生利用基础。

　　改造伊始，老工业区更新改造往往采取"推倒重建"的办法进行开发建设，大量有价值的工业建（构）筑物和设施设备被拆除，这一问题引起了专家学者和政府相关部门的重视。从 2006 年开始，对北京重点工业区旧工业建筑的现状进行了摸底调查和深入研究，并对保护体系及分级管理办法等进行了探索，颁布了一系列认定、保护和再利用的办法、导则和标准，逐步形成了一套适合北京现状的旧工业建筑再利用体系。2010 年 11 月 5 日，中国建筑学会旧工业建筑学术委员会在清华大学成立，这是中国旧工业建筑再利用的首个专业学术组织，旨在探讨和研究中国旧工业建筑保护问题。

　　北京是全国旧工业建筑再生利用工作走得早、做得好的城市之一，北京现遗存的工业建筑具有良好的再利用条件。一方面，新中国成立后建设的大型企业多，工厂规模大，利于发挥规模效应；另一方面，工业建筑质量高，便于长久地再利用。这些厂区大都规模巨大，厂房及构筑物结构坚固，空间高大，是非常好的再利用资源。除此之外，首都对相关资金、人才的吸引力，给旧工业建筑再生利用也创造了更多的可能性。从 798 艺术区（原北京华北无线电联合器材厂）这一旧工业建筑再生利用的"名牌"地标开始，751 北京时尚设计广场（原正东电子动力集团）、768 创意产业园（北京大华无线电仪器厂）、莱锦文化创意产业园（原京棉集团二分公司）等（如图 1.8 所示）陆续出现在大众的视野中。

（a）798 艺术区

（b）751 北京时尚设计广场

（c）768 创意产业园

（d）莱锦文化创意产业园

图 1.8　北京旧工业建筑再生利用项目

2007 年，北京市工业促进局发文《北京市保护利用工业基础发展文化创意产业指导意见》，明确指出，城区留存的使用价值较高的工业厂房、设施应进行适宜性改造和再利用，充分挖掘原工业建筑的新价值，减少推倒重建产生的浪费，减少成本、节约投资；2018 年 4 月，北京市发布北京市首个旧工业建筑再生利用的专项政策《关于保护利用老旧厂房拓展文化空间的指导意见》（以下简称《意见》），强调"该保则保、以保定用、以用促保"，旨在充分激活旧工业建筑在新时代的新价值的同时，提升城市文化品质、推进全国文化中心建设。

（2）上海

新中国成立后，国家工业化路线的确定，使上海中心城区工业用地所占比例进一步增大，苏州河和黄浦江沿岸基本被工业企业占用。20 世纪 90 年代开始，上海工业开始调整布局，据 10 个主要工业局的统计，"八五"期间共有 319 户企业，455 个生产点从中心城迁出。从 1998 年到 2010 年，上海市工业用地面积由 610km² 缩到 283km²，随着大量传统业迁离中心城区，或面临"关、停、并、转"，留下了数量巨大的闲置工业建筑。2005 年，上海中心城区因搬迁而空出的既有工业建筑约有 400 万 m²。2015 年发布的上海市"十三五"规划提出将全面取缔造纸、制革、电镀等严重污染环境的"十小"工业企业，至 2020 年，力争完成 3000 项产业结构调整重点项目，仅 2017 年上海市就有约 96 个项目、629 公顷存量工业用地被纳入盘活转型计划。

上海作为沿海城市，受国外成功旧工业建筑再生利用案例影响较大，对旧工业建筑的文化社会价值认识较深，旧工业建筑再生起步较早。最早的对旧工业建筑的再生是在上海对优秀历史建筑的保护中形成的，上海第一批（1989）、第二批（1993）、第三批（1999）、第四批（2014）优秀历史建筑中，分别有 2、12、16、14 处工业建筑上榜。这一类被划归为优秀历史建筑的旧工业建筑依据《上海市历史文化风貌区和优秀历史建筑保护条例》被保护性再生，多再生为展览馆、博物馆模式。如杨树浦水厂被改造为上海自来水展示馆（如图 1.9 所示），上海邮政总局被改造为上海邮政博物馆。在 2018 年 1 月公布的 100 个中国工业遗产保护名录第一批名单中，上海市包括江南机器制造总局、福新第三面粉

图 1.9　上海自来水展示馆

图 1.10　上海福新第三面粉厂

厂（如图 1.10 所示）等旧工业建筑出现了 6 次，再次证明了上海市旧工业建筑的基础和开发者的重视程度。

除了被动保护之外，上海居高不下的房价也为旧工业建筑的再生利用提供了另一个契机。1998 年，以降低租金为主要推动力，陈逸飞、王劼音、尔冬升等艺术家先后入驻"田子坊"内的老厂房，将其改造为特色鲜明的工作室（如图 1.11 所示）。2000 年，汀浦桥街道办人事处，以盘活资源、发展创意产业、增加就业岗位为目标，利用"田子坊"六家老厂房改建为总面积 15000 m^2 的园区进行招商，至 2017 年 7 月，已入驻百余家单位。形成了一种"自下而上"式的旧工业建筑再生模式。

（a）外景一

（b）外景二

图 1.11　上海田子坊

从 8 号桥开始，旧工业建筑再生的发展路线就已经开始由民间自发的自下而上，改变为政府发起的自上而下的模式进行，到世博会期间到达了一个明显的峰值。据不完全统计，上海世博会建设用地 5.28 km^2 的范围内，有旧厂房改造项目达 50 万 m^2，约有 70 余栋房屋。此举将旧工业建筑在上海的再生利用推向了一个新的高潮。而田子坊、8 号桥等成功的创意园区式的改造案例，证明了旧工业建筑改为创意园区的技术及商业可行性，推动了包括 M50 创意产业园、红坊等大批旧工业建筑的"创意园区"化。为旧工业建筑再生利用为创意产业园积累了大量的经验案例，形成了一套政府主导统筹、开发商设计实施、使用权所有者配合的模式。

（3）广州

广州是中国五大国家中心城市之一，是华南地区经济、金融、贸易、文化、科技、交通与教育中心。中国最早期的工业化就是在广州拉开序幕的。之后，广州一直是全国重要的工业基地，同时也是华南地区综合性工业制造中心。随着时代发展，广州市工业建筑的建筑风格和结构类型不断发生变化，2000 年，广州市制定了"东进南拓"的发展策略，在中心城区推行"退二进三"的政策，原水运交通性功能大量向外疏解，在中心城区、港口码头出现大量闲置工业建筑。旧工业建筑再生利用成为广州实现发展转型的重要举措。

2008 年，国土资源部发文《国土资源部关于与广东省共同推进节约集约用地试点示范省建设工作的函》（国土资函 [2008]816 号），从中央至地方开始了节约再利用土地资源的工作。2009 年，广东省开始施行"三旧"改造政策，带动了旧工业建筑再利用工作的开展，广州市响应上级号召，成立"三旧"改造办公室，出台了一系列相关政策文件支持开展改造工作。之后，广州市出现了包括北岸文化码头、羊城创意产业园、1850 创意园等大量再生方式灵活、再生效果颇佳的旧工业建筑再生利用项目。伴随着广州市政府对旧厂房改造工作的重视和相关法规制度的完善，广州市内旧工业建筑再利用被推向了一个新的高潮。

根据《广州市旧厂房改造专项规划》，广州市内旧工业区改造面积将达到 137.15km²。改造建筑面积中，改造为经营性用地面积占 41.60%，改造为公益性用地面积占 42%，改造为生态用地等非建设用地面积占 16.39%。预计到 2020 年，广州市内旧工业建筑可成功改造 60%，改造面积可达到 85 ~ 90km²。

20 世纪 90 年代以前，广州对待旧工业建筑基本是简单拆除，即使部分旧工业建筑改造与再利用也仅仅出于经济实用的考虑，带有一定的临时性。进入 21 世纪之后，旧工业建筑的保护和利用成为热点，再加上广州作为流动人口最多的城市之一，广受多元文化的影响，旧工业建筑再生利用的方式也愈加多样化。广州市政府部门对城市旧工业建筑的再利用开始重视，陆续出台了内容全面、可操作性强的政策文件，进一步推动了旧工业建筑再生利用工作的施行。涌现了包括红专厂（原广州罐头厂，图 1.12）、1850 创意园（原金珠江双氧水厂，图 1.13）、信义会馆（原广东水利水电厂，图 1.14）等创意性强、再生利用效果好、知名度高的"地标"项目。

图 1.12　红专厂　　　　　图 1.13　1850 创意园　　　　图 1.14　信义会馆

（4）杭州

杭州地处长江三角洲南翼，是长江三角洲重要中心城市和中国东南部交通枢纽，同时也是一个旅游商业城市，重工业较少，其近代工业的产生主要以民族工业的兴起为代表，主要是丝绸、棉纺、针织、机器、造纸、印刷等轻工业。

20 世纪 80 年代开始，杭州城市工业郊区化趋势开始显现，进入 90 年代，随着经济发展和产业结构的调整，在城市建设快速发展和市场经济的共同作用下，主城区内工业企业逐步"退二进三"，不少老企业"关、停、并、转"，杭州城市工业地域结构也发生了较大的变化。与上海、广州等大型城市及东北等老工业基地相比，杭州现代工业遗产数量虽然不多，但特色鲜明、分布集中、形态完备，也有着良好的再生利用条件。

杭州市在 2012 年制定了"三改一拆"三年行动计划，通过"三改一拆"行动，加速城市有机更新和"低小散"企业提升改造，推进新型城市化健康发展，改善人居环境和城乡面貌。在"三改一拆"中，明确了城市、镇规划区内按照规划拟进行厂区改造的旧厂区，包括异地搬迁、厂区整体改造和环境整治等方式。制定了明确的改造目标：2013～2015 年改造旧厂区用地面积 262.78 万 m²、建筑面积 247.37 万 m²，其中 2013 年改造用地面积 104.95 万 m²，建筑面积 81.98 万 m²；2014 年改造用地面积 54.30 万 m²，建筑面积 66.98 万 m²；2015 年改造用地面积 103.53 万 m²，建筑面积 98.41 万 m²。通过三年努力，旧厂区全面推进更新改造工作，旧工业建筑再生利用大见成效。如 A8 艺术公社（原八丈井工业园区，图 1.15）、杭州理想·丝联 166 创意产业园（原杭州丝绸印染联合厂，图 1.16）、之江文化创意园（原双流水泥厂，图 1.17）。

图 1.15　A8 艺术公社

图 1.16　丝联 166 创意园

图 1.17　之江文化创意园

（5）西安

西安是华夏文明的发源地，世界四大文明古都之一，有着悠久的历史和深厚的文化积淀。地处我国陆地版图中心，是长、珠三角及京津冀通往西北和西南的门户城市与重要交通要道，是我国连接东西部的经济、政治、文化枢纽，西北的中心城市。西安的近代工业始于 20 世纪初期，以纺织、机械、电子工业等产业为主，1978 年以后，西安市工业建设开始持续稳定的发展，工业化进程逐步加快。随着产业结构调整，近现代时期的一些工业企业逐渐衰败，退出历史舞台。而 2006 年西安市政府《西安市工业发展和结构调整行动方案》的颁布，明确提出实施二环企业搬迁改造的政策方针，要求到 2010 年，西安市实现城墙内无工业企业，二环内以及二环沿线无高能耗、高污染、不符合城市规划及安全生产的工业企业。伴随这一方案的颁布，西安市出现了大量闲置的工业建筑。

目前西安市相对集中的工业区包括大庆路地区、韩森寨地区、灞桥地区、胡家庙地区、东北郊地区。依据《西安市城市总体规划（2004—2020)》，西安城市产业发展目标是：突出特色，加强整合，构筑优势产业集群，重点发展高新技术、装备制造、旅游、现代服务、文化等五大主导产业。老城内主要发展人文旅游、商业零售业、文化服务；高新技术产业向西南部发展；东北、东南方向以文化、旅游、物流等产业发展为主；北部则成为出口加工、现代制造业集聚发展的片区。

目前西安市内存在的已闲置或即将闲置的旧工业建筑为数不少，主要包括近代清末、民国早期和 20 世纪三四十年代形成的具备历史价值的部分工业遗产，以及新中国成立后的"一五"、"三线"建设时期形成的具有工业特色和鲜明时代特征的建筑等。这些建筑作为西安市工业记忆的载体，多保存完好，建筑特色鲜明、结构安全可靠，具有一定的再利用价值。在实际操作中，着手进行再生改造的项目还很多，且主要呈现出以下三方面的特色。

① 综合开发为主

西安市建于 20 世纪五六十年代的工业厂房，往往具有较大的体量，占地面积达到百余亩，单一的改造模式往往不能充分发挥土地价值，综合开发模式成为处置此类大体量建筑群的主要手段。如始建于 1958 年的陕钢厂占地 934 亩，曾是全国十大特种钢材企业之一，但在 20 世纪 90 年代，随着产业结构的调整，陕钢厂于 1999 年元月宣告停产。西安建大科教产业公司在省、市政府的大力支持下，全面收购陕西钢铁厂，建立西安建大科技产业园。在结合原有的建筑资源、区位环境以及西安市的总体规划布局基础上，对产业科技园区进行了整体规划。整个园区划分为教育园区、科技产业园区、开发园区等。其中以教育、产业科研和开发园区建设为主体构架，辅以配套的生产、生活设施，建立了西安建筑科技大学华清学院；并利用推倒重建的方式进行房地产开发，配套了幼儿园、小学等，进行了华清学府城的开发；2012 年底，在西安市政府牵头下，由世界之窗产业园投资管理有限公司和华清科教产业集团进行联合开发，将原陕钢厂内的部分厂房改造为老钢厂创意产业园。

② "博物馆之城"的打造

博物馆作为旅游城市彰显城市底蕴、提高城市内涵的重要平台，结合工业建筑大体量、充足空间的建筑结构特色，是旧工业建筑再生利用的另一种有利模式；同时，为响应国家文物局在 2012 年发布的《博物馆事业中长期发展规划纲要（2011—2020 年)》，西安市制定建设博物馆之城的计划，已累计建成各类博物馆 100 多家，并免费向社会公众开放。工业历史需要展现的舞台，旧工业建筑需要新的功能去完善其使用价值，博物馆化的改造成为旧工业建筑改造中的一个重要手段。

但是，一般性的工业博物馆容易造成人流量不足、维护费用大、经济性差的弊端，所以，建议博物馆的改造可与综合改造、工业旅游等模式相结合，在展现工业文明、提高城市内涵的同时，并得到经济方面的保障。如大华·1935 内的大华博物馆，如图 1.18 所示。

图 1.18　大华博物馆

③创意产业园的复制与升华

西安市地处内陆，产业结构调整起步较晚，旧工业建筑的闲置再利用问题也在近些年逐渐显露。而在国内外其他发达城市，旧工业建筑已有许多改造案例和成熟的改造技术。以其中成功的改造案例为参考，同时为取得经济利益和社会效益的最大化，创意产业园成为西安市旧工业建筑再生利用中一个颇受推崇的改造模式。如由陕钢厂改建的老钢厂设计创意产业园和由唐华一印改造的西安半坡国际艺术区，如图 1.19、图 1.20 所示。

图 1.19　老钢厂设计创意产业园

图 1.20　西安半坡国际艺术区一角

1.4　旧工业建筑特征与再生利用形式

在对我国旧工业建筑再生利用项目调研考察的基础上，分别对建筑再生利用前和再生利用后的特征进行整理分析。

1.4.1 旧工业建筑特征

（1）年代分布特征

根据我国工业发展历程，我国闲置的旧工业建筑存在着各年代间的不均匀分布现象；随着建造技术的改善，建筑结构类型也随着地区、年代有着一定的变化，针对调研涉及的典型案例进行分析，得到相关建筑的年代分布，如图1.21所示。

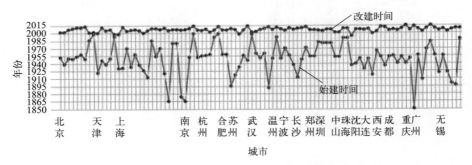

图1.21　我国典型旧工业建筑再生项目建筑年代分布

（2）结构类型分布

调研项目结构类型分布见表1.6。

我国典型旧工业改造项目建筑结构类型分布表　　　　　　　　表 1.6

结构类型	数量	比例	代表案例
砖木结构	9	6.08%	无锡纸业公所；无锡北仓门生活艺术中心
砖混结构	72	48.64%	广州信义国际会馆；无锡中国丝业博物馆
钢筋混凝土结构	63	42.57%	苏州 X2 创意街区；上海 8 号桥时尚创意中心
钢结构	4	2.70%	沈阳铸造博物馆；沈阳中性文化广场

由于在同一个项目中可能存在不同结构形式的厂房，在划分时按照主体建筑的结构形式进行归类。根据表1.6可以看出，由于旧工业建筑项目多为1979年以前的建筑，在当时建造技术的限制下，砖混结构较多。同时，砖混结构的建筑往往历史感更强，更具文化层面的吸引力，是再生利用的主力（占调研项目的48.64%）；钢筋混凝土厂房（包括钢筋混凝土框架结构及排架结构）相较于其他结构类型具有坚固、耐久、防火性能好的优点，这类结构的再生亦占旧工业建筑再生项目的主要份额。该结构类型的厂房占了整体调研份额的百分之42.57%；再生时，相较于钢结构厂房的锈蚀和木结构建筑的腐化，混凝土厂房的保存效果往往最好，大大减少了改造再生的工作量。

1.4.2　再生利用形式

（1）再生利用模式分析

再生利用模式即旧工业建筑再生利用后新的功能。我国旧工业建筑再生利用主要模式包括创意产业园、商业办公、博物馆、艺术中心、展览场馆、公园绿地、学校、住宅宾馆等。结合建筑类型对其再生模式进行分析，如图 1.22（a）所示（图中，横坐标代表建筑类型，纵坐标代表再生模式）。

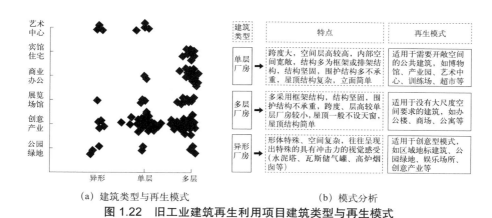

（a）建筑类型与再生模式　　　　　　（b）模式分析

图 1.22　旧工业建筑再生利用项目建筑类型与再生模式

由图 1.22 可见，受建筑特点和目标功能匹配度的影响，不同的建筑类型对应的再生模式有一定的规律可循。

调研旧工业建筑再生利用项目再生模式分布情况见表 1.7，其中再生为创意产业园项目居多，占到总调研项目数量的 53.40%，相比课题组 2012 年调研的 42.71%，呈现出一定的上升趋势。究其原因，创意产业、艺术类 LOFT 等本身追求特殊气质的工作场所，旧工业建筑独特的风韵充分迎合了其功能需求，经过合理改造，往往可以迸发出别具一格的建筑氛围。突破常规、灵活多变的艺术空间特质与创意产业的创新精神、多变的空间需求不谋而合；结合国家对文化产业、创意产业的政策支持，旧工业建筑顺其自然地成为创意产业的主要空间载体，并得到了较好的使用效果和经济效益。

调研旧工业建筑再生项目再生模式汇总表　　　　　　　　　表 1.7

功能模式	比例	功能模式	比例
创意产业园	53.4%	学校	2.0%
博物或展览馆	6.8%	办公	4.7%
商业	10.8%	住宅	2.7%
公园绿地	4.7%	宾馆	4.1%
艺术中心	9.5%	其他	1.3%

同时，旧工业建筑一般具备厂区体量大、占地面积较广的特点，随着人们对优质生活环境的追求，结合城市建筑密度大、绿地率低的现状，对闲置的工业建筑群进行适当的改造，打造为环保主题公园也是旧工业建筑再生的新趋势之一。如广东省中山市由原粤中造船厂改建的中山岐江公园、四川省成都市由原成都红光电子管厂改造的成都东区音乐公园、上海市由原大华橡胶厂改造的徐家汇公园等，都是旧工业建筑再生为城市绿地主题公园的典型案例（如图 1.23、图 1.24、图 1.25 所示）。

图 1.23　中山岐江公园

图 1.24　成都东区音乐公园

图 1.25　徐家汇公园

（2）外部处理方式

我国旧工业建筑多为 1979 年以前的建筑，占调研项目总数的 84%，如图 1.26 所示。这类再生利用建筑的典型特点是：①年代较远，在建筑属性和历史文化层面有丰富的内涵底蕴；②多采用"修旧如旧"的原则进行保护修缮，以再生利用的方式进行留存；③再生成本高，这类建筑由于年代久远、建造材料技术相对落后、因历史原因保护不当等因素的影响，建筑本身结构性能存在一定的安全隐患，需要修缮加固，相对于其他旧工业

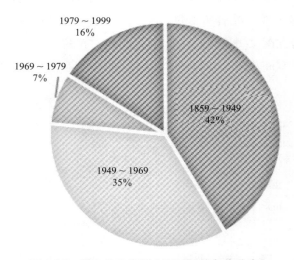

图 1.26　旧工业建筑再生项目始建年代分布

建筑，改造工程量大、改造技术相对复杂，致使再生成本较高；④再生效果好，此类再生项目多兼具文化与商业价值，调研涉及的多个案例证明，这两个属性的叠加可以创造更大的经济价值。

相应的，规划设计时我国旧工业建筑再生利用项目其外部处理方式主要采用维护建筑原貌（保持建筑外立面，仅作修复式处理）、新老建筑共生（部分建筑维持原貌，部分建筑外立面进行现代化更新）、全面更新（重新进行外立面设计，从外观上难以判断原始功能）三种形式，见表 1.8。

我国旧工业建筑再生利用外部处理方式　　　　　　　　　　　　　　　表 1.8

外部处理方式	数量	比例	代表案例
维护建筑原貌	42	28.40%	无锡纸业公所；北仓门生活艺术中心；苏纶场
新老建筑共生	74	50%	西安老钢厂创意园；上海 8 号桥时尚创意中心
全面更新	32	21.60%	上海无线电八厂

由表 1.8 可见，我国旧工业建筑再生利用的外部处理以维持建筑原貌或部分更新改造为主。其动因来自两个方面：一是简单维持原貌可以降低再生成本，如上海四行仓库的首次再生；二是维护建筑原有风貌从最大程度保护其建筑历史文化价值，如无锡北仓门、苏州的桃花坞和苏纶场等项目。随着近年对工业建筑遗产价值的认识不断加深，以"不能动老房子一砖一瓦"作为再生利用原则的旧工业建筑再生利用项目数量也得到一定程度的增长。个别省市由于国有土地划拨的政策原因，对旧工业建筑再生利用的方针收缩得比较紧，控制得较为严格，不允许大幅度的改造，也是部分项目维持建筑的外形、框架、梁柱、建筑风格不改变的原因之一。

（3）建筑规模、容积率与单位面积投资额

调研时对各个项目的建筑面积、容积率及单位面积投资额数据进行了初步搜集。调研发现，旧工业建筑再生利用项目的建筑面积在 0.14 万 m² 到 23 万 m² 之间，建筑规模差异较大；北京 768 创意产业园单位面积投资额为 291.12 元 /m²，华津 3526 创意产业园单位面积投资额为 1724.14 元 / m²，上海田子坊单位面积投资额为 646.55 元 /m²；温州 LOFT7 总投资达 0.9 亿元，单位面积投资额达到 15000 元 / m²。图 1.27 对调研项目的建筑面积、容积率与其单位面积投资额进行了不完全统计。由于再生模式、投资主体经济实力、再生后的目标消费群体、配套设施等差异，不同项目的投资额差别较大，两极化明显；同时部分项目的单位面积投资额较大，远超过当时当地同类型的新建建筑。容积率方面，我国典型旧工业建筑再生利用项目的容积率在 0.1 ~ 4.0 之间，其中，以容积率在 0.8 ~ 3.5 的项目居多。其容积率主要受原建筑结构、多层厂房及多层办公楼类改造的项目容积率影响相对较大，单层厂房改造项目容积率一般较小，通常在 1.0 以下。

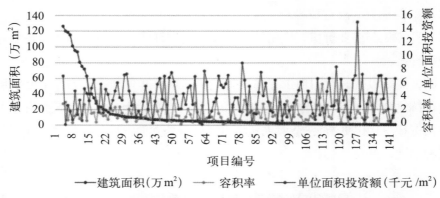

图 1.27　旧工业建筑再生利用项目建筑面积、容积率及单位面积投资额

1.5　旧工业建筑再生利用状况与瓶颈

1.5.1　旧工业建筑再生利用状况

　　随着集约节约用地的观念逐步深入，以及文化创意产业的迅速发展，旧工业建筑再生利用从数量和质量上都呈现出显著上升趋势。在许多城市，旧工业建筑再生利用项目都成了展示城市历史文化、宣扬城市新时代年貌的地标建筑，如图 1.28 所示。

（a）北京 798

（b）上海田子坊

（c）上海当代艺术博物馆

（d）苏州桃花坞文化创意产业园

图 1.28　旧工业建筑再生利用而成的"城市名片"

1.5.2　旧工业建筑再生利用瓶颈

针对国内 148 个旧工业建筑再生项目进行调研，结合对相关政府机构、建设、设计、施工、监理单位、咨询公司及使用者等的座谈访问，发现我国旧工业建筑再生项目在决策、实施、使用过程中仍存在着一些问题。特别体现在规划设计中，不少项目存在未能充分发掘利用原建筑价值、成本偏高、配套设施不足等问题，见表 1.9。

我国旧工业建筑再生利用项目存在问题分析　　　　　　　　　　表 1.9

存在问题	原因分析
再生模式不合理	再生时未能根据旧工业建筑特点、区位环境等因素选择最优再生模式
改造成本偏高	改造中未能充分利用既有建筑结构和材料；设计不合理、过度装修
原建筑保护与利用不足	再生中未能保护原建筑的历史价值，只是简单进行建筑功能改造，未进行合理装饰装修，建筑老化、工业污染遗迹等影响建筑美观；改造时装饰未能充分利用原建筑特点，采用大量装饰构件遮蔽既有建筑，改造风格怪异；使用不当造成建筑外观及结构的破坏
配套设施不齐全	原建筑配套设施的缺失在改造过程中未得到充分考虑，或原建筑结构构造限制，导致卫生间、停车位、道路路灯等配套设施设置不齐；普遍忽略了无障碍设计，未设置电梯，存在一定程度的使用不便
建筑能耗高	建筑再生过程中，保温隔热层及室内构造改造不当，同时多数单层厂房属于大体量建筑，室内散热较快，冬季需更多能耗保证室内温度；另外，旧工业建筑的主要再生模式多为出租型的创意园区，运营中产生的能耗费用一般按面积摊派给用户，因此节能积极性较差
原建材利用率低	部分经检测仍具有结构可靠性的建筑被拆除，原有建材未得到充分利用；可被循环利用的材料未得到有效再利用
物理环境较差	由于原工业建筑功能对保温隔热、通风照明要求特殊，往往不能满足改造后功能要求；建筑构造特殊，空间层高较高，保温效果差
室外环境较差	周边环境差；绿地率低；对原有林木保护不足

亟须通过建立科学合理的旧工业建筑规划设计理念、思路和方法，提升旧工业建筑再生利用效果，最大化旧工业建筑价值，使旧工业建筑从原本灰暗沉重的建筑格调中，涅槃重生为城市中绚烂的一抹色彩。

第2章 旧工业建筑再生利用规划设计基础

当社会生产力发展到后工业时代，随着历史的变迁和积累，带有工业文明的工业遗产将成为具有特定价值的工业文化遗产。在城市工业发展过程中，工业建筑和工业设施具有不可替代的历史地位。规划设计是进行再生利用的前提，只有使规划设计理论更加完善，才能促进旧工业建筑再生利用的长久和可持续发展。

2.1 规划设计基础知识

2.1.1 规划设计相关概念

（1）工业建筑、旧工业建筑、工业遗产

①工业建筑

工业建筑是允许人们从事各类生产活动的建筑物和构筑物，并且可以为各种生产过程和生产工艺流程提供生产作业的场所。它是各种工厂中各种建筑物的总称，不仅包括车间、仓库等，还包括水塔、烟囱、管廊等构筑物。与民用建筑相比，工业建筑与生产紧密结合，不同的生产工厂具有不同的特点；有较大的面积和内部空间；建筑结构、构造复杂，技术要求高，采光、通风、屋面排水及构造处理难度大。

②旧工业建筑

文中所指的"旧"不等同于建筑在物质方面的残破和老旧，而是指建筑的功能方面，即原有功能不再适合继续使用；主要是指物质寿命大于功能寿命但因城市更新等社会因素、自身不具有功能寿命等原因而不被使用，要重新对其进行调整，具有继续使用条件的普通旧工业建筑和具有特殊意义及价值的工业遗产建筑。

③工业遗产

2003年7月，关于工业遗产保护的会议在俄罗斯召开，会议达成共识并通过了"下塔吉尔工业遗产宪章"，旨在促进工业遗产的保护和利用。工业遗产是工业活动所造建筑与结构，及其所包含工艺和工具所在区域与景观等所有物质和非物质表现，包括具有历史、技术、社会、建筑或科学建筑和机械、厂房、生产作坊和矿场以及加工提炼遗址、设备设施等物质遗产，还有生产工艺流程、手工既能、商号等非物质遗产。广义的工业遗产还包括技术过程、生产技能和与之相关的文化表现形式，以及存在于人们记忆和习惯中的非物质文化遗产。因此，工业遗产是工业化的发展过程中留存的物质文化遗产和非物质文化遗产的总和。

　　如英国的铁桥峡谷工业旧址就是一个面积 10km² 的工业遗址，由 7 个工业古迹和博物馆、285 个保护性工业建筑相结合组成的新生景观，如图 2.1 所示。

（a）铁桥　　　　　　　　　　　　　　　　（b）街景

图 2.1　铁桥峡谷工业旧址

　　目前，中国工业遗产的定义需要考虑物质文化遗产和非物质文化遗产两个方面。例如，国家某文物保护单位负责人认为，工业遗产分为可移动，不可移动和非物质两类。可移动的工业遗产是指机器、设备等，不可移动的是指工厂、仓库和码头等建筑物。非物质是指中国技术、记忆、口传和习惯。

　　（2）旧工业建筑的更新

　　一般而言，建筑物更新涵盖宏观和微观层面。宏观更新：从整体城市战略出发，更新土地结构，调整产业结构，更新空间结构，更新环境质量，优化城市工业用地或转变为第三产业。这一层面在技术上常常与城市规划的内容相关。微观更新：在本地区现有建筑物或特定建筑物的情况下，更新的结果通常是改变微区域中的建筑景观、建筑质量、环境设施、建筑物使用性质、建筑密度等。

　　建筑更新是进行建筑发展以及城市发展和建设活动的重要组成部分。建设更新是利用自然资源和社会资源的过程，例如从广泛到集约化演变的土地，这是一个社会过程，其中生产方法和社会生活方式从粗放转变为集约化，建筑更新也意味着物质成果，它反映了某一历史时期的建筑外观和设施。

　　由于建筑具有社会、文化、政治、经济和物质功能，因此基础广泛的建筑更新包含经济内涵、生态环境的内涵、生活环境的内涵、社会文化的综合内涵。

　　（3）旧工业建筑的保护

　　"保护"主要有"reservation"和"conservation"两种单词表达。前者概念较为单一，意为保存建筑原有形态不做改变，在文献研究中多被翻译为"保留"；后者则除"保留"概念之外还包括了在原有形态基础上进行合理的改造以便日后更好的发展，在学术研究中多被翻译为"保护"。二者概念都涵盖了对建筑自身形态及价值的原始保存，但"保留"

仅停留在政府部分的相关政策法规层面，"保护"是原始建筑物更新和重复使用的方式之一，可由民间社会组织和个人组织，结合现代城市发展主动的实施和开展。

（4）旧工业建筑的改造

旧工业建筑的改造包括功能变化和改善使用效果两个含义。它是指旧工业建筑为适应新的功能而在结构、外观及室内设计等方面的改变与调整，符合节能、环保等方面的要求。改造主要有以下五种形式。

①局部改造。对旧工业区的局部地段进行全面拆除改造，提高土地使用强度，完善功能和设施，适用于一般旧工业区改造，缓解工业区环境容量的压力，同时使工业区的功能结构趋于合理。进行改造时必须考虑以下几点。

a. 在制定地方改造计划时，应根据较大区域详细规划，明确当地重建的要求，确定相应的技术经济和规划建筑艺术要求。这将防止房屋拆迁成为未来重建的"钉子"。

b. 部分重建应相对集中，形成一个群体进行改造，以利于施工组织和建筑外观的统一。

c. 在部分拆迁和重建过程中，有时为了重新安置拆迁户和合理利用土地，对新建筑的平面构成、区域分配标准和形状有一定的要求。通常不可能一般地采用固定的设计图纸，并且必须单独设计。

d. 应妥善处理新房和原建筑的外观。注意建筑物的大小、立面处理、颜色等新旧方面的协调，有时充分考虑与周围环境的关系；特别是在一些风景秀丽的小城镇和历史名城的著名景点与建筑保护区，规划布局、楼层数、体形、颜色等应与周围环境相协调。

②全面改善。对旧工业区的建筑质量风貌做出全面评价，通过对地段内的不同建筑类型提出相应的改造要求，如拆除破旧、违章建筑，更新整体风貌不协调的建筑；保护和修复具有历史文化价值的建筑；改造乡镇的空间和环境景观，要满足适合历史文化名镇的规划和重建要求。

③整体更新。对于位于新厂区内部的旧厂区，其用地功能服从区域总体规划，采用全部拆除重建的方法（特殊建筑除外），对厂区原有的用地功能结构进行调整。

④环境整治。对旧厂区的建筑色彩、场地、绿化及各项室外环境进行改变与更新。

⑤引导控制。提出旧厂区规划建议、建筑控制和环境容量指标，利用厂房设计的理念，对旧厂区提出空间设计概念的引导性要求，使旧厂区在后续的自我发展中得以调整和完善。

（5）旧工业建筑的再生利用

旧工业建筑再生没有明确和严格的定义。随时代发展而升华得更赋有人文关怀、更加自由、更具生态理念和创造性的概念。旧建筑的再生设计利用，不仅是原有空间的延续，也不单单是旧建筑破损时的加固、修复后的继续使用，更重要的是，在这个过程中给予建筑新的生命，同时保持适当的保留和创新。

如今的"旧工业建筑再生利用"已经成为建筑施工的热门话题，"再生"这个术语本身在定义上有很大差异。不同的认知也导致了"再生"的不同看法。重在强调过程，不反映最终转变的意义和内涵。利用强调目的和意义。为了恢复活力，设计策略和相应计划及措施的实施是建设再生的目的。最终形成了一种心理认知，它们之间的差异和比较如表 2.1 所示。

再生相关概念比较　　　　　　　　　　　　　　表 2.1

相关概念	特征	与城市经济结构的关系	与建筑价值的关系
更新	强调过程与策略	适应	对既有建筑原有物质价值的忽视
保护	强调目的与意义	限制	尊重建筑价值，保持其真原性
改造	强调过程而无结果	适应	对物质意义与精神内涵的忽视
再生利用	强调改造过程中价值的转换，同时体现策略性	适应	应用的范围较广而导致目的性不强，而忽视了原有建筑精神内涵。首先是对原有建筑价值的肯定，为了让其重新获得活力，而进行设计并执行相应的计划与措施，使建筑区达到再生的目的。体现的是一种精神

再生利用原指直接使用废弃物或通过一些修复手段再加以使用。本书中所指的再生利用是指具有使用价值的旧工业建筑，通过技术手段，适当保留其所包含的历史性，同时融入与时俱进的现代性，最终实现其生命周期的循环使用。旧建筑物回收的前提和基础是原有建筑物都没有完全拆除，全部或部分建筑物都可以回收利用。具有特殊意义的工业遗产建筑应当承载其原有的历史或文化；再生利用是对建筑整体的一种策略研究，包括了翻新、改造、保护、修复等内容，旨在为旧建筑赋予新的生命。如图 2.2、图 2.3 所示。

图 2.2　北京 798 工厂

图 2.3　上海雕塑艺术中心

（6）规划设计、区域规划、功能再生规划、建筑设计

①规划设计

规划设计是指项目更具体的规划或总体设计，要考虑政治、经济、历史、文化、民俗、

地理、气候和交通等各种因素。完善设计方案、提出规划期望理论、确定愿景和发展模式、发展方向、控制指标等。

②区域规划

区域规划是在综合分析评价各种自然、技术经济因素和条件的基础上，对该地区社会、经济和发展的综合安排，主要包括资源的综合开发利用和区域发展的方向，合理配置工业和城市居住区，并安排区域服务型工程设施，如区域交通、能源、水利、园艺、疗养、旅游和环境保护等。

③功能再生规划

功能再生规划是指在一定时期内根据区域经济社会发展目标确定原建筑的新性质、规模和发展方向。合理利用土地，协调区域空间功能，全面部署和全面安排各种建设。

建筑功能的再生规划将导致重建、扩建和建筑物添加等一系列空间的重组和改造。工作的关键是如何处理旧建筑与新空间之间的关系。在重组过程中，内部空间可以重组，外部空间也可以重组。

④建筑设计

建筑设计是指建筑物在建造之前，设计者按照建设任务，把施工过程和使用过程中所存在的或可能发生的问题，事先作好通盘的设想，拟定好解决这些问题的办法、方案，用图纸和文件表达出来。

综上所述，旧工业建筑再生利用规划设计特指因各种原因失去原使用功能、被闲置的工业建筑及其附属建（构）筑物，在非全部拆除的前提下，对其重新赋予新的使用功能的过程中对其如何进行再生利用而进行的园区规划和建筑设计。

2.1.2　规划设计价值分析

目前，大多数旧工业园区的理论研究都来自城市规划学科。研究的主要方向分为旧工业园区的改造升级和产业结构的调整与工业园区发展对城市发展的影响等，包括经济、土地利用结构、城市发展方向、城市形态、工业园区企业的发展、工业园区的建设、工业园区合理规模、土地利用问题及工业园区对策。还有一些来自环境科学、生态学和化学工程的研究。因此，对工业园区规划设计的研究具有重要意义。旧工业园区具有研究的特殊和复杂性，表现为土地性质的特殊性、行业要求的特殊性、环境的特殊性、用户的特殊性、规划设计的特殊性都对中国工业园区的建设和可持续发展具有重要的理论意义。

（1）旧工业建筑再生利用的生态价值

回收旧建筑物的过程是回收现有资源的过程，具有相当大的节能价值。一方面，旧工业建筑的再生利用是在非全部破坏基础上的再生利用；另一方面，旧建筑拆迁也消耗了大量的能源。1972年，罗马俱乐部出版的"增长极限"研究报告提出了在资源和环境时期大规模开发和利用资源的使用和建设的问题和警告，指出这种行为将导致不可再生资源的枯竭，导致人类发展枯竭，导致人类发展停滞不前，它产生的废物将彻底破坏我们生活的环境。目前，新建筑每年都会产生大量的建筑垃圾。据统计，英国每年的建筑垃圾达到 7000 万 t，占全国垃圾总量的 16%。1976 年美国历史建筑保护国家信托委员会举行的"老建筑保护经济效益"会议分析报告指出，与新建筑相比，再利用通常可以节省 1 / 4 ～ 1 / 3 的成本。20 世纪 80 年代以后，英国和美国的统计数据显示，与同等规模和标准的新建筑相比，整体再利用可节省 20% ～ 50% 的建筑成本。

中国目前的建筑垃圾占到城市垃圾总量的 30% ～ 40%。这个比例远大于西方发达国家的水平。房屋拆除后，钢筋、水泥不容易回收再建房屋，而我国的黏土砖质量也跟西方国家有一定的差距，拆房后很多成为破碎的砖块，也不能作为再建房屋的材料，木制门窗大多达到使用年限而无法再重新利用。另外，建筑材料在运输过程中所耗费的矿物燃料将带来二氧化碳排放量的增加。

（2）旧工业建筑再生利用的文化价值

吴良镛先生曾谈道："文化是历史的沉淀，存留于建筑间，融汇在生活里。"旧工业建筑是城市工业发展、空间结构演变、工业建筑发展的历史见证以及城市风貌的重要景观。旧工业建筑的再生利用不仅保持了我国工业发展历程的历史延续性，还保存了特定时期的生活方式。

首先，旧工业建筑的再生利用对于城市物质环境的历史延续性保存发展是有积极作用的。旧工业建筑是 20 世纪我国城市发展和工业发展的重要组成部分。在空间布局、建筑风格、材料色彩搭配、建筑技术等方面，记录了工业社会和工业时期社会发展的状况以及社会的文化价值取向。反映了工业时代的政治、经济、文化和科学技术，是工业化时代"城市博物馆"的真实展示，也是后代人认识历史的重要线索。

其次，旧工业建筑再生利用对保持现有社会生活方式的多样性具有积极作用。彻底更换和更新的结果往往导致原始生态的破坏。

此外，虽然旧工业建筑不适应现代功能要求，但它记录了一段历史，原始环境中所包含和形成的地方文化可以引起人们的记忆和遐想。

城市各个时期各类建筑的总和构成了丰富的文化景观和城市的特定内涵。与其他类型的历史建筑相比，旧工业建筑也是城市文明进程的见证，这些遗迹是工业时代"城市博物馆"的最佳展品。他们还见证了文明进步的过程，工业遗产的保护可以弥补一般科技馆在传递技术信息方面的损失。同时为今天的技术发展保留和保存物质的见证者。

旧工业区通常有许多具有历史价值的东西：如具有工业考古价值的生产技术、劳动文化、地方历史、工业发展等；工厂的原始墙，工业区的第一条道路，第一条工厂铁路线，第一个车间，第一个烟囱等。这些都是我们理解历史的重要载体，应被视为未来城市的一部分。建筑物存在的意义不仅在于它是"石头史书"，重要的是在于产生的"城市形象"使公众保持集体认同感，但也具有情感内涵，所以重新发展这些领域，尊重其历史价值和工业文化是必然趋势。

当然，将这些建筑物和区域完全视为文物是不现实的，也是不可能的。正确地改造它以满足新的功能要求并重复使用它，使其具有持久的生命力，这无疑将为城市更新和发展中提供了一种新的思路和方法，从而使旧工业建筑的文化价值和地方精神得以保存和再现。

一些大型或高层工业建筑，如位于城市滨水区或毗邻公共空间的工业建筑，它们中的许多建筑都是所在城市的特色地标，它们是人们从景观层面对城市定位和空间结构理解的重要组成部分。例如：波士顿海岸水泥厂，位于运河一侧的无锡茂鑫面粉厂，以及广州珠江两岸的五仙门电厂，都是代表工业文明演变的城市标志性建筑。

（3）旧工业建筑再生利用的经济价值

旧工业建筑具有潜在的经济价值，这是其转型和再生利用的主要原因之一。据 1987 年西方发达国家统计，旧工业建筑的再生可以节省相同规模和相同标准的建筑成本的 1/4～1/2，建筑结构的成本约占其总成本的三分之一。与此同时，旧工业建筑记录了工业时代的元素，代表了工业历史文化，我们需要通过转型和再利用来延续它。

旧工业建筑通常采用相对先进的技术建造，材料强度高，结构坚固。对于这些结构安全、体积大的建筑物而言，拆除将比改造更加昂贵且不可挽回。旧工业建筑面积大，体积比小，具有良好的再开发潜力。与住宅改造不同，旧工业建筑可以快速设计和建造。根据再生改造计划，还可以在一定程度上节省建筑物拆除和场地平整的成本。

城市建设用地的工业用地比例一般在 15%～25% 之间，是城市的重要功能区，是现代城市发展的重要因素，它可以推动城市其他方面的发展，比如城市基础设施的完善和城市交通网络的优化。工业为城市带来了活力，但也带来了各种各样的问题。例如，环境污染和生态破坏。旧工业建筑规划的任务是解决工业园区建设带来的各种不利问题，协调工业产业发展与生态环境的矛盾，构建优质的工业园区空间，为工业园区创造良好的生活环境，为人们提供安全、舒适和多样化的空间。

通常建筑物的材料寿命总是比其功能寿命长，特别是旧的工业建筑物在其材料寿命期间经常会发生功能使用的多种变化，由于旧工业建筑的具体使用功能和空间要求，建造时施工技术相对先进，大多数结构坚固。建筑物的内部空间与其功能并不严格相关。一些大型建筑，如生产厂房和综合仓库，在设计上具有很大的灵活性，并提供各种可能性。在 20 世纪 70 年代和 80 年代，建筑物再生的成本高于新建建筑的成本。如今，大多数功能改良的工业历史建筑可以减少再生利用的初始投资，包括拆迁和土地施工成本，基地的原始基础设施还可以继续使用，由于施工期短，再生建筑可以尽快投入使用，以获取更大的利润，在经济上是合算的。

功能再生意味着历史建筑经过修改或修复，具有新的使用功能，在再生过程中，尽可能地保护利用具有特殊意义的建筑，避免大规模土木工程的改造和循环利用。美国景观大师劳伦斯·哈普林曾提出"建筑循环利用理论"，循环利用是历史建筑功能的转变，建筑的内部和外部空间适应基于功能变化的新功能需求。

空间重组和功能再生是不可分割的。根据不同历史建筑的不同功能对空间进行重组，不仅保留了历史建筑的建筑形式和文化内涵，而且保留了历史建筑的情感寄托。旧工业建筑的空间重新规划布局和功能的重新定位与旧工业建筑本身的特征和城市的社会经济发展有机结合，将创造新的价值，这样具有历史价值的旧工业建筑就会不断更新发展。

旧工业建筑再生利用规划设计的积极作用和社会意义是毋庸置疑的，它带来的经济效益和社会价值是显而易见的。虽然系统理论在实践中仍然缺乏指导，但很多问题都会随着建筑设计总体水平的提高，慢慢解决。规划设计者应该对这些旧工业建筑进行合理规划，使其真正对当今社会发展和文化需求产生积极的作用，让旧工业建筑重新回归到人们的日常生活中，避免消失在时间长河中。

在对旧工业建筑进行空间重组后，有时建筑的功能会发生改变或功能置换，这就会使历史建筑焕发出新的活力与生命力。在历史建筑的功能再生中一方面要考虑再生后的功能需求，另一方面又要考虑功能再生的可行性。利用建筑空间的重组、分离、叠加等手法使原有的空间进行保留，同时使新的功能空间更为合理。一是在功能再生时要将对历史建筑的利用和维护相结合；二是对不同使用功能的建筑进行区别对待，充分考虑其原有功能与再生功能，使功能合理化，保护建筑的大外观及结构时，要对内部的空间进行重组与改造；三是在再生改造的过程中应注入新的活力、新的元素，更注重其精神价值。

2.1.3　规划设计工作流程

旧工业建筑再生利用规划设计工作流程如图 2.4 所示。

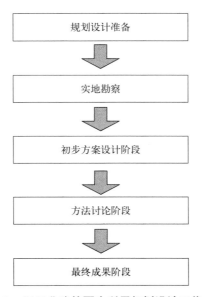

图 2.4　旧工业建筑再生利用规划设计工作流程

（1）实地勘察

①基地现状分析：具体位置，地形，地貌，给排水，土层厚度；建筑物的规划设计和景观匹配，建筑社区等。

②规划资源分析：现有自然景观、植物品种及其具体位置等。

③交通、区域分析：现有道路、出入口、广场等。

④当地历史人文景观分析：地理、气候、水文资料、风俗、民俗故事等。

⑤规划与建筑设计理念分析：风格、整体布局。 地方特色：如青岛的建筑规划有清澈的水、蓝天、白墙和红瓦；江南的建筑规划有小桥、流水、人家。

⑥项目市场定位分析。

（2）初步方案设计阶段

①编写规划设计说明。

②根据不同规划类型的成果要求，绘制适当数量的图纸。

（3）最终成果阶段

对修改后的规划成果进行详细审查，确保高质量、高标准、无错误完成设计任务。

2.2 规划设计演绎变革

2.2.1 规划设计变革根源

（1）经济发展落后。旧工业区处于相对不利的区位，其周边缺乏足够的经济"强场"辐射，又不具备一定的交通条件，加上自身的产业发展缺少内动力，旧工业区的生产力发展水平在较长的时期内停滞不前，该地区的物质空间建设已经失去了经济支柱。居民生活也凝固在一个节拍上，成了"永恒的休止符"。

（2）历史文化保护压力。旧工业区在某个时期处于相当发达的状态，集聚了大量工业遗产，在历史文化保护法律、法规的压力下，旧工业区同样存在多方面制约要素，如地方对旧工业区保护的方式、方法尚未定论或存在争议；地方没有经济实力保障工业遗产举措的实施，以至于在较长时间内，旧工业区成为被遗忘的角落。

（3）新旧工业区常住人口年龄不统一。由于社会的传统因素造成了高收入居民集中在年轻一代，加上农村住房商品化，大部分具有一定经济实力的居民流向城市，旧工业区往往成了老年工人等聚集的区域，这种不平衡造成的局部老龄化，同样削弱了旧工业区自身发展的动力。

（4）新旧工业区之间的差距导致了对旧工业区建设的忽视。旧工业区经过长期的缓慢发展，在某一轮产业发展浪潮的冲击下，工业区自身缺少足够的资金基础，主要依靠外来资金的涌入。这种模式下的开发，在旧工业区发展的初级阶段，必然会导致跳开旧工业区，选择能够得到较低开发成本的空地去进行建设，所以在较长的一段时间内，工业区建设的重点都不会转到旧工业区。

2.2.2　规划设计发展历史

中国古代城市和中国古代文明很早就确立了城市规划理论的基本框架，然后经过长达两千多年的封建社会，形成了与其意识形态和生活方式相适应的、更加成熟完备的规划理论和建筑设计理论。规划和建筑设计并不是会经常发生"革命"的领域，所以工匠们在造城和修缮时也很少会遇到不知道该怎么办之类的困惑。欧洲在工业革命以前的城市多是工商业城市，都是自发形成的，没有系统的规划设计理论。旧工业建筑改造开始成为备受关注和相对独立的课题，大约始于第二次世界大战后的城市重建。第二次世界大战后，是工业革命以来城市文明发展的转折点。大工业时代创造的辉煌城市文明在第二次世界大战炮火中化为灰烬，全世界都投入到了衰败旧工业建筑的改造中。破败的旧工业建筑还有没有价值、有什么价值，是一个争论了很久的核心问题。西方国家也走过弯路，巴黎和伦敦都出现过拆毁旧建筑、大量建造现代建筑的热潮，在城市发展史上称为战后的"第二次破坏"。

中西方对城市的理解差异是很大的，中世纪时西欧并没有系统的城市规划理论。工业革命后出现的规划理论与中国古代城市理论有很大不同。著名的《雅典宪章》等城市规划文件都是完全反映西方城市——尤其是工业革命以来的西方城市——的现实形态和发展要求的。以这样差别巨大的外来理论不加批判和甄别地指导中国的旧工业建筑改造，显然是行不通的。其实，同是指导工业化时代城市规划的西方城市规划理论，在我国也长期存在苏联学派和英美学派的分歧，并且随着政治风向的变化，城市规划理论也不断在两者之间飘移，给城市建设和旧工业建筑改造的连续性、系统性带来不利影响。同时指导理论的不确定，也导致中西方规划理论应该如何结合，尤其是在对旧工业建筑进行改造建设时怎样结合，总的来说，没有明确的结论。自 20 世纪 90 年代以来，随着全球化的浪潮，规划和建筑这两个领域已经完全现代化——即西化。全球化思维事实上很大程度上代表的是西方思维，以纯西方思维和理论指导中国历史古城的改造，中西方文明激烈碰撞的历史再次出现，这是城市的转型热潮，拆除旧工业建筑并摧毁旧工业建筑。

中国现代所建设的新城和历史古城风格完全不同。即没有城墙和护城河，有四通八达的公路和立交桥；没有胡同和四合院，有小区和单元楼；城市里很少有供树木生长的裸露土壤，因为地面几乎全部都被硬化，如图 2.5 和图 2.6 所示。城市的现代化是因为人们需要现代生活方式。当代的中国城市居民，不喜欢住平房，喜欢住单元楼房；没有绿化，但有宽敞的卧室起居室；可以没有阳光，但不能没有电。现代人的生活方式不能再容忍那些"落后"的旧房。正是因为新城和旧工业建筑是两种完全不同的城市文明，如果新城和旧工业建筑有重叠，或者在旧工业建筑内建设新式建筑，就必然发生冲突，并且通常都是新城占上风。

图 2.5　古长安城城市布局

图 2.6　现代化城市面貌

　　新中国成立后，梁思成、陈占祥等一批学贯中西的建筑大师和城市规划专家力图在城市规划上走一条中西结合的道路，他们的集体智慧创造了天安门广场、长安街东西轴线等城市规划的经典杰作，其主要经验在于很好地继承了传统，同时吸收了人类的一切文明成果为我国所用。为尽快摘掉贫穷落后的帽子，新中国成立后的首要任务是尽快实现工业化。所以新中国成立以来，工业化的速度和成就引起了全世界的关注，但也存在很多问题。在城市建设中如何对待旧工业建筑和如何进行旧工业建筑改造，就受到了曲折的工业化进程及复杂的政治历史因素的影响。总体来说，早日实现工业化的迫切愿望使人们更多地看到了旧工业建筑与工业化生产和现代生活方式不相适应的一面，因而更愿意以西方规划理论来改造旧工业建筑，因为这种理论天生就是为工业文明服务的。

　　总之，东西方两种不同文明的强烈碰撞，城市建设指导理论从一种规划理论跳跃到另一种规划设计理论，历史的急剧转变是旧工业建筑改造混乱和失落的根本原因。新时期以来，随着社会主义市场经济的快速发展，中国综合国力迅速提升。一方面城市建设以西方城市规划理论为指导继续加快进行，以适应城市产业规模的扩大和城市化的需求；另一方面，伴随经济发展的文化自信心开始复苏，中国传统文化热身，东西方文明再次产生强烈冲击。旧工业建筑改造领域的困惑与矛盾尤为突出。从目前中国旧工业建筑的转型中可以看出，存在两个主要缺点：

　　一是盲目寻求新。大规模的规划、大规模的拆迁和大规模的建设，俯卧式平面建筑改造，特别是近二十年来，中国许多城市经历了太多的大规模拆迁和建设。许多载有历史和文化遗产的中国传统建筑被拆除为"醉酒儿童"，并建造了当时决策者认为"美丽"和"外国"的一些高层建筑。近年来，越来越多的人意识到被拆迁的中国传统建筑是城市中"最有价值的"，它只能是模仿西方建筑的"假"。在旧工业建筑方面，这样对旧工业建筑改造其实是对旧工业建筑的破坏，野蛮割断历史文脉，也破坏了成熟的社会结构和传统产业链。经过这样的改造，旧工业建筑虽然实现了"现代化"，却变得缺乏人文气息和宜居环境，这并不是旧工业建筑改造的初衷和真正意义所在。

二是消极保守。旧工业建筑需要保护，但这并不意味着旧工业建筑的原貌必须原封不动的保留，一砖一瓦都不能动。如果一味地追求消极保守的保护策略，它将导致旧工业建筑保护的意义和价值丧失。事实上，古代城市能历经千百年而保持着良好的肌理和功能，正是在不断更新中实现的。一座没有人活动的古城遗址，虽然做到了没有人为破坏，但由于大自然的不断侵蚀，使得城市更快地衰败。旧工业建筑改造的必要性是因为它是我国工业发展的见证者，代表着当时建筑特色和工艺水平，它的规划要求、建筑特色和功能设置都是按照当时工业工艺上的需求而设计的，随着时代的变迁，可能不符合现代化生产生活的需要，因此需要在进行保护利用和再生改造时，根据现代需求进行特色化的更新，以适应现代生活的需要。

2.2.3　规划设计现状分析

随着中国经济的快速发展，以及产业结构调整等原因，中国许多城市留下了大量的旧工业建筑。其中大多数被夷为平地，这不仅带来了巨大的浪费，而且还人为地削减了城市的历史背景。一般来说，旧工业建筑是废弃的工业厂房，大跨度钢框架梁柱结构和大面积空间为再生利用提供了巨大潜力，也为生成一些创新元素提供了极好的条件。同时，建筑的材料和工艺与现代技术水平没有太大差别。从可持续建筑的角度来看，我们应该重新利用旧工业建筑。

（1）国内旧工业建筑再生规划设计现状

中国的工业发展和旧工业建筑的规划与设计晚于发达国家。在 20 世纪 80 年代早期，拆除重新施工的方法被用来更新城市，并且直到 20 世纪 90 年代末才出现新的趋势。但是，由于各个城市的历史背景差异和经济水平、城市发展的不平衡，利用方向不同。例如，北京某钟表厂的老旧厂房被改建为"双安购物中心"。然而，由于经济、技术和价值问题，大多数旧工业建筑的改造仍在采取"大拆大建，推倒重来"这种方式。国外重新利用和再利用的新思路，在中国只有少数应用的例子，且规模往往很小，方法不完善，没有系统理论。目前，建筑专业人士和理论界都对此给予了关注，例如，广东省中山市岐江公园将旧工业用地作为景观元素，并利用码头营造出具有地方特色的公园，如图 2.7 所示。近年来，我国各地旧工业建筑改造工程逐步增加，目前的不平衡程度表明，中国旧工业建筑的回收规划尚不成熟。

国外开展工业建筑保护与利用较早，活动形式丰富多样。作为对国际古迹遗址日"工业遗产"主题的回应，2006 年 4 月 18 日，在中国无锡由国家文物局主持召开了首届中国工业遗产保护论坛，会上通过了《无锡建议》，标志着中国工业遗产保护工作正式提到议事日程。

随着中国改革开放带来的经济结构调整，城市面积不断扩大，旧工业建筑的循环利用呈现出蓬勃发展的态势。在理论研究中，中国工业遗产的保护和再利用是近年来逐渐引起人们关注的话题。之前关于旧工业建筑的再生利用或工业景观改造的研究没有达到工业遗产保护的要求，这为建筑规划设计师积累了许多宝贵的经验。基于建筑学科的背景条件下，他们研究了如何在相对微观尺度上合理使用工业遗产的问题，使这些人类曾经的劳动文明成果传承保护下去。

(a) 公园外景一

(b) 公园外景二

图 2.7　广东省中山市岐江公园

　　庄简狄着重分析了旧工业建筑再利用的历史发展、理论基础、类型模式、实施策略，并结合具体案例分析和实践操作，试图寻找出适应中国国情、可持续发展的旧工业建筑再利用途径。

　　自 1999 年以来，俞孔坚和北京大学景观设计研究所一直在研究和保护工业遗产。作为无锡提案的主要起草人之一，俞孔坚研究了国际工业遗产的研究成果和实际案例，特别是"国际工业遗产保护宪章""中国工业遗产保护的建议"，该提案的部分核心内容最终体现在 4 月 18 日在无锡举行的首届中国工业遗产保护论坛上。

　　建筑师王建国和严俊强发表了一系列关于城市工业历史建筑和剖面研究与重建的文章。分析了世界城市工业历史建筑和阶段设计的基本概念、分类、再开发利用方法和技术措施。

　　中国台湾建筑师邓玉燕多年来一直致力于上海苏州河沿岸工业旧仓库的改造和利用，在他精心设计和改造的过程中，重复使用和再利用的理念使得杜月笙的"破碎"粮仓在苏州河边缘重新焕发出建筑的自然美，成为保护和利用工业建筑遗产的典范。

　　旧工业建筑的再生规划设计早期的发展主要集中在北京和上海等一线城市。对精神层面的需求也在增加。例如，北京 798 艺术区是原国有 798 工厂和其他电子工业工厂的所在地，该艺术区拥有各种文化和服务行业，吸引大众前去参观游览，如图 2.8 所示。

　　与经济发达的一线城市相比，苏州、西安等二线城市的旧工业建筑规划较慢。苏州等历史文化名城采用保护模式，规划为工业旅游和商业博物馆。西安仍处于起步阶段，但受到其他城市成功转型的影响，近年的改造项逐步在城市中崭露头角，如老钢厂创意设计工业园（图 2.9）、纺织城艺术区（图 2.10）、大华 1935（图 2.11）。

(a) 外景一

(b) 外景二

图 2.8 北京 798 艺术区

(a) 外景

(b) 内景

图 2.9 老钢厂创意设计产业园

图 2.10 纺织城艺术区

图 2.11 大华·1935

旧工业建筑的再生利用规划设计改变了城市的空间结构和位置模式,各种新的文化创意产业和服务业纷纷涌向城市,从现状可以看出,那些将被废弃的工厂似乎是艺术和文化产业的最佳载体。一方面,旧工业建筑具有历史、文化、艺术和科技价值,更重要的是,它们具有变革的灵活性,能提供多功能使用的可能性,最大限度地缩短施工时间,节省资源并降低成本;另一方面,作为一个无污染、高附加值的新兴产业,文创产业对优化中国产业结构具有重要意义。各大城市都先后出台了促进发展的政策,行业发展需要更多的基地空间,为废弃旧工业建筑的回收提供了机会。这种退却和撤退的局面可以结合起来，将旧工业建筑改造成创意园区，从而促进创意产业的发展。它还可以保护和利用旧工业建筑，增强城市的活力。

从旧工业建筑的规划和设计的角度来看，许多已经在中国完成的改造项目，虽然空间丰富多彩且个性鲜明，然而，仍然存在许多问题，例如粗糙的结构细节和高能耗，对中国旧工业建筑改造的研究远未构建完整的理论体系。与发达国家的水平相比，旧工业建筑的再生规划设计存在以下差距：

①人们对旧工厂的价值（特别是历史价值）缺乏深刻的理解，导致许多旧工厂被夷为平地，许多具有历史价值的建筑物状况不佳，许多具有文化遗产价值的建筑物都有被拆除的危险。有些工厂将沿街的建筑物出租给其他单位，无论保护点如何，都会故意添加或阻挡它们，这会破坏受保护建筑物的历史特征。

②旧工业建筑再生利用规划设计的目标是挖掘旧建筑的潜在利用价值，最大可能、最大限度地利用原有旧建筑，合理进行的规划设计，使其得以再生。但对最大限度中的"度"如何度量，还缺乏一个科学有效的评判准则，存在一些有待解决和进一步研究的问题。如经济、技术和美学指标评价问题。

（2）国外旧工业建筑再生规划设计现状

欧洲和美国等发达国家和地区的历史旧工业建筑再生规划的研究始于 20 世纪 50 年代。1955 年，英国伯明翰大学的 Michael Rix 发表了一篇名为"工业考古学"的文章，呼吁所有部门立即保护英国工业革命的机械和纪念碑。"工业考古学"引起了社会对工业遗产保护的重视，进而演化发展成为对工业遗产管理的关注。最后的发展是工业遗产再利用和旅游开发的研究，这是西部工业遗产旅游研究发展的轨迹。

国际古迹遗址理事会（ICOMOS）始终站在保护工业遗产的最前沿，并促进其发展。1964 年，国际古迹遗址理事会通过了"威尼斯保护和修复古迹国际宪章"，被称为"威尼斯宪章"。保护和恢复"威尼斯宪章"中形成的历史遗产建筑，如历史遗址的识别、保护和恢复，它对 20 世纪 60 年代末 70 年代初世界城市历史建筑和遗产保护趋势的出现起到了促进的作用。

继《威尼斯宪章》之后，ICOMOS 陆续在《内罗毕建议》《马丘比丘宪章》《华盛顿宪章》《奈良宣言》中不断提炼和扩展，推动保护的内容从文物建筑向历史地段、街区、地方传统文化、历史城镇、城区不断延伸，保护与城市规划开始走向结合，《奈良宣言》在强调保护文物古迹真实性的同时还对保护方法的多样性予以了肯定。

联合国教育科学及文化组织于 1972 年 10 月 17 日至 11 月 21 日在巴黎举行了第十七届会议。"保护世界文化和自然遗产公约"的通过为保护遗产提供了制度化保障，各国对遗产保护的热情有所提高，从各国近年来的"申遗热"中可见一斑。

国际工业遗产保护协会（TICCIH）是一个代表工业遗产的国际组织，是 ICOMOS 工业遗产的特别咨询机构。2003 年，TICICI 制定了下塔吉尔宪章，明确界定了"工业遗产"。

从 2001 年开始，国际古迹遗址理事会每年都要为"国际古迹遗址日"确定一个活动主题，各会员国可以在这一主题的基础上根据自己的实际情况选择活动内容与形式。2006 年"关注工业遗产保护"主题的提出将工业遗产的保护推向高潮，直接推动了各成员国对这类遗产的重视和保护。近年来我国各省市也已陆续开展了对工业遗产的普查和保护工作，国外旧工业建筑再生利用的实践是随着各国城市更新与产业调整的步伐进行的。由于国外旧工业建筑的建成时间较早，加之其城市化进程和产业升级的历史较早，因此，从 20 世纪 60 年代初便陆续开始了旧工业建筑再生利用的实践。

德国鲁尔老工业区内的废弃的旧工业建筑则面临着不同的命运。如蒂森铸造厂保留了这些工厂的所有设备和设施，包括熔炉、仓库和铁路设施，该区域现在已经完全更新，在这个人口稠密的地区提供娱乐、体育和文化活动场所，如图 2.12 所示。设计将公园置于由旧工业设备改造而成的景观系统中，尊重旧工业建筑的历史价值，对工业历史的考古研究有着重要作用。旧工业区的遗留设备因其广泛的影响而受到保护，成为一个有价值的纪念碑，它现在已成为公园的象征和必不可少的标志。

（a）外景一　　　　　　　　　　　　　　　（b）外景二

图 2.12　德国鲁尔老工业区（蒂森铸造厂）

国外的旧工业建筑空间改造相对我国来说开展较早，理论研究也相对扎实，同时实践应用案例也比较丰富。国外一些成功的案例为后来的设计师提供了丰富的理论文案参考和实践转型项目经验参考。同时国外民众的思想观念比较开明，全民审美素质也比较高，因此对旧工业建筑改造再利用的接受程度较高。伴随着国外社会进程的不断发展，民众对旧工业建筑改造创新设计的参与程度也在进一步加深。有一些国外民众会主动购买废弃的旧工业建筑进行改造创新设计，形成一些非常有意义的小众文化创意空间，这样既丰富了当地的文化交流，同时又促进了民众对旧工业建筑改造的认同。因此不难看出旧工业建筑改造，国外很重要的一个方向就是全民参与，以及全民认可，整个旧工业建筑改造的理念已经深入人心。

旧工业建筑再生规划模型有以下两种主要类型：功能转型和创新增强，将商业和文化的活力注入旧工业建筑，赋予其新的意义。这一时期典型的案例就是位于德国的鲁尔老工业区的成功改造，该地区在 20 世纪 80 年代之后，一些设计、艺术、文化和科学领域的创意人才聚集于此，在地方政府政策的指导下，改变原有建筑、设施和场地的功能，不仅重现了工业区的历史，而且为人们提供了文化交流、娱乐、生活场所和艺术平台。由此吸引各种人，空间利用程度很高。可以看出，文化不仅限于特定的形状，而是源于日常生活的转变，并且可以非常接近人们的生活。

再就是从国家层面出发，国外的旧工业建筑改造相关法律非常完善，对于旧工业建筑再生改造的各个阶段，旧工业建筑空间改造创新设计中的各种空间节点，以及重建过程中出现的各种问题，都能有效的进行保障。

以英国城市更新为例，作为世界上第一个工业化和城市化的国家，也是第一个经历城市衰退和城市复兴的国家，英国城市规划建设比较先进，特别是以城市更新为主要内容的政策和法规，为世界旧工业建筑的再生利用提供了参考。纵观 20 世纪城市更新的政策和实践，英国经历了城市更新概念的深化，并一直在探索一种有效的城市更新模式。政府一直在城市复兴过程中发挥重要作用，从最初的管理到后来的参与者、协调员和领导者。

目前国外旧工业建筑再生规划呈现以下特征：

①规划改造后的功能形式多样，逐渐由单一的单体建筑改造再生利用扩展到整个工业区的再生重构，改造后的建筑类型包括公寓、商店、艺术馆等；

②欧美国家的城市建设基本完成，旧工业建筑的再生利用逐渐成为城市建设的主导模式，旧工业建筑再生利用已经成为欧美建筑师普遍涉及的事项；

③欧洲和美国旧工业建筑的再生利用起步较早，旧工业建筑回收的法律、法规和政策相对完善，为发展中国家旧工业建筑的再生利用规划设计提供了参考作用；

④政府在旧工业建筑的再生规划过程中一直发挥着重要作用，但管理理念逐渐从最初的领导管理转变为参与者和协调者。

在规划设计实践领域，英国、法国、德国、意大利等国结合具体案例探索了工业建筑遗产的内外空间改造的方式，其中不乏成功之作。始于 20 世纪 60 年代至 70 年代的工业景观也是近年来的主要发展方向。总之，欧洲在工业遗产的信息采集和改造再利用方面都进行了有益的探索，每个国家又有一定的特色，如德国在再利用方面相对英国更为大胆。英国的工业遗产被列为世界遗产较多，因此更重视真实性，而德国的鲁尔工业区则更重视创意。

1973 年，第一届国际工业纪念物大会成功举办，此次会议对于工业遗产的讨论引起了广泛关注。1978 年，瑞士首次成立了世界范围内致力于促进工业遗产保护的国际性组织——国际工业遗产保护委员会，该组织后来转变为关于工业遗产问题的专门咨询机构。2003 年 7 月，国际工业遗产保护委员会会议在俄罗斯的下塔吉尔召开，会议讨论并通过了专门针对工业遗产保护工作的《下塔吉尔宪章》。该宪章不仅阐述了工业遗产的定义，更特别指出了工业遗产价值认定、记录和研究等工作的重要性，并就关于工业遗产立法保护提出了原则、规范、方法及其他指导性意见。2006 年 4 月 18 日"国际古迹遗址日"的主题定为"保护工业遗产"。总之工业遗产的重视程度呈逐年增高的趋势。

在由工业化向后工业化转变及城市郊区化发展的这一背景下，大量工业城市中的旧工业区以及保留下来的厂房建筑都面临更新和改造，但是那些最为重要和典型的实例，是工业发展史上的里程碑以及人类文明发展的历史见证。西方发达国家越来越重视城市各种工业历史区段、工业遗产的升级保护以及再利用模式的研究与实践。

总体看来，国外旧工业建筑的保护与再利用的研究主要集中在以下几个方面：工业考古学、工业历史地段更新、工业建筑遗产改造与再利用、工业建筑遗产的保护及修复技术、工业景观与工业旅游、工业遗产管理等。

2.3　规划设计主要内涵

2.3.1　规划设计主要目标

旧工业建筑和地段的再生利用规划设计作为城市更新的一个重要组成部分，其总的指导思想应是完善城市各类功能，达到调整城市结构，改善城市环境，物质设施更新，城市文明促进与传承。目标的制定与城市土地利用、城市土地开发模式，城市基础设施等多方面息息相关。具体地说主要包括：

（1）经济发展目标

更有效率地利用土地，顺应经济需求或刺激经济活力寻求城市复兴是再开发的首要目标，其目的在于优化城市用地结构，促进城市产业发展，增加国民收益。但如果管理、引导不当，可能造成开发的投机性、土地使用强度过大、环境污染、城市历史文化的破坏，以及其他不可避免的严重问题。

（2）环境可持续性目标

环境可持续性目标并非只是对一些宏观层面上的环境改善，它还包括综合性的目标，其中包括生态环境、景观环境、建筑环境、交通环境等。实质上就是以环境保护、整治、改造和优化为中心，以取得经济发展与环境保护的同步、均衡发展。

旧工业建筑的再生利用规划设计是可持续建筑实践的重要组成部分。建筑再生利用过程中好的规划设计不仅有良好的经济价值，而且它对现有资源的循环再生利用和在节能方面的优势也符合可持续发展的目标，具有不可替代的生态价值。

（3）生活舒适目标

主要是改善社会福利，配建公用设施，提升社区服务能力，丰富文化娱乐，更新通信设备，增加城市外部公共空间，扩大公园和绿地占比。其目标在于使居住环境和生活条件达到宁静、安全、卫生、舒适和方便，为市民提供方便的社会服务和创造优美的物质空间，以适应市民新的生活要求。

（4）社会发展目标

该目标的提出是为了维持社会公正与社会安宁，增进社区邻里关系和促进社会文化活动。具体内容一般为：提高社会就业率，降低犯罪率，改良社会管理模式，妥善处理好人际关系，维持与空间重新置换的关系，完善社区邻里结构和社会网络等。

在遗产环境中，可以被保留下来的功能有住宅、传统商业等。这些住宅和商业生活内容，记录着历史变迁中遗产的形成和发展。与其他地区不同，人们的日常生活也反映着遗产本体对他们所带来的特殊影响，通过居住在这里的人们的历代相传，他们已经成为社会血脉相连、不可分割的有机整体，故对于这种与遗产关系密切的功能部分，可以采取保留的方式。

（5）历史保护和文化发展目标

正确认识城市包括产业景观在内的各类遗存的历史价值，把握好城市发展演进过程中必然存在的时空梯度，保护好各个历史时期留下来的特色和有代表性的环境、景观和建（构）筑物等。在发达国家往往采取发掘和保护地区原有的工业景观、美学特征和原有的尺度、小品等，为当地市民或旅游者创造一个既适应现代生活要求，又具有城市工业文化景观特色的新型环境。

2.3.2　规划设计基本原则

由于旧工业建筑具有复杂多样的特征，改造再生和规划设计也有很大差异，为了更好地实现旧工业建筑的再生利用，挖掘其剩余价值，实现变废为宝的循环利用，也是对国家提倡的绿色、环保再生、可持续发展政策的一种呼应。因此，在实现对旧工业变废为宝、再生利用的过程中，我们必须建立相应的规划改造的原则，将其纳入全面合理的轨道上，改变以往存在的盲目性和随意性。在旧工业建筑的再生规划设计中应遵循以下原则，以满足经济、环境、能源、建筑单体、技术等多层次联动的要求，如图 2.13 所示。

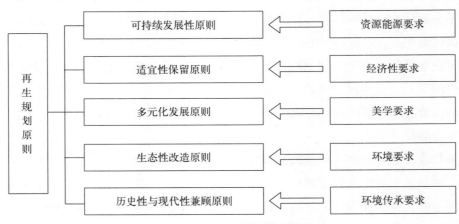

图 2.13　再生规划的基本原则

（1）可持续发展性原则

可持续发展理论诞生于 20 世纪 70 年代早期关于"增长极限理论"的争论背景下。其实质是改变单纯追求经济，忽视生态环境保护的传统发展模式，运用高新技术实现清洁生产、文明消费，对产业结构调整进行合理布局。这些都与旧工业建筑的产生和再生规划设计密切相关。现在可持续发展观已经作为一种新的发展观悄然兴起，可持续发展战略已经成为国际会议的重要内容，成为人类进入 21 世纪的行动纲领。可持续发展理论可以应用于社会发展的各个方面。进而使人类与自然界共同进化发展，实现"双赢"。

因地理位置、市场需求转变、资金断链等原因，许多兴建时间较早的工业建筑都不同程度倒闭、废弃、闲置，原因可以理解为不再符合社会当下及未来提倡的可持续发展观。旧工业建筑的再生设计是可持续发展之路在建筑领域的科学利用，值得注意的首先是对再生设计的利用寿命的掌控，避免再生利用后因其建筑寿命短而产生二次经济损失和建筑垃圾对环境的污染；其次要注意的是对原有资源采取循环利用，建筑业由于材料需求大，产生的垃圾也是十分的巨大，因此应将可持续发展作为规划原则，这样可以有效地减少施工过程中和完工后对环境的污染，旧工业建筑的再生规划也可以作为旧工业建筑继续发挥功能的一种手段，有效地延长建筑的生命。

（2）适宜性保留原则

野蛮的拆除重建和保守的复制式保护都不是旧工业建筑再生规划的理想方式，适宜性的保护和改造是旧工业建筑的再生规划中最基本的原则。适用性保留意味着旧工业建筑应有机更新。采用合适的尺度，选择适当的规模，综合考虑改造对象所处的环境以及现在和未来的发展关系，以此进行改造和保留，适宜性保留应有：

①功能空间的适宜性保留

保留功能空间的适用性可以理解为保留和替换旧工业建筑功能的适用性，旧工业建筑内的生产空间及其附属功能空间被保留，用新的功能替代其原先承载的工业生产活动和技术。当下流行的 LOFT 生活方式很好地诠释了功能空间的适宜性保留，工业厂房的大尺度空间最大限度地满足了艺术功能的需要和创新。

②文化历史的适宜性保留

一些承载工业文明的工业遗留建筑在再生规划的过程中尤其要重视其历史文化的适宜性保留。对于工业遗留建筑的再生规划而言，其自身所蕴含的文化价值远大于再生规划后的经济效益。在再生规划的过程中可以通过保留工业遗留建筑、建筑群或厂区内具有时代特色和特殊意义的机器、景观等手段来延续工业文明的历史和文化。

③已有建筑空间、形式、材料的适宜性保留

对于旧工业建筑的再生规划中建筑形式和材料的保留程度主要取决于工业建筑的使用程度、周边建筑形式和城市风貌，根据这些因素和建筑自身的破损程度，结合再生设计后的建筑类型，适宜保留已有建筑形式和材料。要尊重旧工业建筑原有的生命痕迹，使其在再生规划后得以适当的展示，这种适宜性的保留也有助于工业文化的延续。

（3）多元化发展原则

在旧工业建筑的再生规划中以多元化发展为原则，主要体现在建筑改造模式的多元化、改造风格的多元化以及改造的功能多元化。这种设计趋势吸引了更多的设计者及开发商的参与，更多的改造可能性，使他们能更好地利用这些具有价值的旧工业建筑并通过改造来创造更多的经济效益。多元化的规划原则不仅为旧工业建筑自身的再生设计带来益处，对于其周边的环境和交通条件的改善和发展同样起到了推动作用，不局限、不单一的设计模式能让旧工业建筑再生重构成更多的建筑类型。

人们对旧工业建筑的历史意义、社会价值、审美观和转型观念有不同的看法。这也成为旧工业建筑的再生规划中应将多元化发展作为原则的原因之一，说明在建筑的发展过程中越来越体现以人为本的本质精神，设计体现人的尺度变得更加重要。

（4）生态性保护原则

如果将建筑视为具有内部自行循环功能的生态系统，那么这个系统可以有序地组织建筑运转，形成生态平衡的建筑环境。这里的生态强调的是建筑材料和建造技术及设计手法的革命性变革，包括巧妙地利用自然材料、无污染材料、高效节能环保的生态建造手段等。许多发达国家已经开始意识到生态性建筑的意义并将生态性建筑的建造提上日程。生态建筑、绿色建筑和可持续建设都是现代社会建筑发展的必然趋势。通过建筑师的匠心设计可以与时尚的大都市和谐共生。旧工业建筑的再生设计中，应以生态性保护为原则，这种改造可以使改造后的建筑更节能、更好用。生态性保护的指导思想还包含经济的合理性与技术的适宜性。

节能、低碳、环保和低经济的建筑将会成为今后旧工业建筑再生利用规划设计的主要趋势，因此生态建筑的设计理念在旧工业建筑的再生规划中意义重大，这种理念使人们的视野和建筑水准上升了一个高度。

（5）历史性与现代性兼顾原则

旧工业建筑的再生不是越新越好，更不应被理解为建旧如旧。重点在于建筑改造后所要传达的信息，是否让建筑的生命以及所承载的历史信息得到真正意义上的延续，同时再生设计后是否实现了适宜的与时俱进的建筑形式。既有历史、文化部分的传承，又有创新部分的诞生。

旧工业建筑的再生设计对于建筑的历史性与现代性的融合与表达是一个很好的机遇，因为这些旧工业建筑的存在已经具有历史性和特殊意义，对其进行再生设计比新建建筑在历史性的营造方面更具优势。在现代性的表达方面，太多的历史保留和创造也会对它们施加限制。因此，在旧工业建筑的再生设计中，应遵循历史和现代原则。做到恰到好处地保留和时代信息的渗入，重视再生的建筑对城市乃至国家的历史和文化的承载作用。

2.3.3　规划设计主要内容

随着城市化进程的推进、产业结构的调整和房地产业的兴起，原先的厂房建筑面临着被拆除和废弃。旧工业厂区附近的居民小区当初的热闹繁华已经不再，因为年久失修，逐渐老化，破旧不堪。

旧工业建筑再生利用规划设计是对原有失去使用功能的建筑物进行一个合理的规划，使其再次得到开发利用，它是在原有建筑物全部拆除的前提下，综合考虑各种改规划设计因素，在保留原有建筑物实体条件下，促进周边的物质文化发展的一种系统的、全面的规划方式。

再生规划是一种整体的规划方式，在某种程度上不仅要保留建筑物其原有的建筑特色，还要站在一个全局的高度下，来考虑统筹规划后的建筑对周围的经济文化的相关影响。其规划设计的核心思想应符合旧工业建筑再生利用的社会经济、文化整体发展目标等方面的要求。再生利用规划设计要求我们系统地考虑旧工业建筑的特点，对其进行一个全面地把握，在此基础上挖掘其过去的价值加以利用，为其后的模式规划以及后期的设计打下铺垫。旧工业建筑再生利用规划设计的主要内容包括：旧工业建筑再生规划模式、旧工业厂区的再生规划设计、单栋工业厂房的再生规划设计、再生规划的绿色规划设计、再生规划的节能规划设计等。

（1）区域背景分析

包括位置分析，基础分析，现场状态分析等。其中位置分析可以涵盖待改造区域的地理位置、自然环境、人文环境、发展布局、空间结构和发展定位等；而基础分析主要是指待改造区域的地形地貌、气象水文、土壤状况和植被状况等；现场考虑分析包括旧工业区生态环境破坏、地质灾害和安全隐患、景观破坏等。

（2）上位规划

上位规划是下位规划的指导性文件。如控制性详细规划属于修建性详细规划的上位规划，城市总体规划是控制性详细规划的上位规划。在总体规划中应明确城市性质、发展思路，在控制性详细规划中收集基础资料、现状，并对规划区域进行用地分析、用地规划方案设计、防震减灾、绿地系统、管线道路等专项分析，交通分析以及道路控制点、方位角、坐标，详细对各地块、进行合理配比，包括道路退线、容积率、建筑密度、市政设施（停车场、加油加气站、污水厂、给水厂）等，支路网设计等。总规是给出城市发展的指导思路，上位规划是实际执行时的标准以及法定性文件的集合，最终作为规划审批的执行标准。

（3）规划原则

包括生态优先原则，尊重场地原则，可持续发展原则，因地制宜原则和以人为本原则，并应依据现行国家相关法律法规和规划目标制定具体实施原则。

（4）设计定位与构思

设计定位在于界定主次关系、明确设计主题与要点。设计定位就是由此而产生的与设计构思紧密联系的一种方法，它强调设计的针对性、目的性、功利性，为设计的构思与表现，确立主要内容与方向，以形成设计目标或设计方向。

经过组合的设计定位，必须要掌握好互相间的有机联系和协调，其中仍然需要有一点的设计来表现重点，避免互相冲突。无论采用什么样的设计定位，关键在于确立表现的重点。没有重点，等于没有内容；重点过多，等于没有重点，两者都失去设计定位的意义。

在实际的设计工作中设计定位也在发生变化，这种变化是设计进程中深化创造的结果。设计过程是思维创意不断发生跳跃和流动碰撞的过程，由概念到具体转化，由具体到模糊延伸，是一个反复的螺旋上升的过程。

（5）总体规划

包括概念演变，总体规划，空间结构规划，功能区划规划，景观节点规划，道路系统规划，竖向规划，基础设施规划（主要指给排水、环卫设施、标识系统等），建筑规划等。

（6）分区规划

包括入口规划和其他场地、休闲中心、水域规划等。其中，入口规划设置内容主要有入口的景观置石、入口大门、综合服务中心、生态停车场、入口广场、广场景观雕塑、电瓶车等候点、叠水台阶、花坛、基础设施（如公厕、垃圾收集点）等。

（7）分期建设规划

包括近期、中期、远期规划等。

近期规划一般是指建设性的详细规划，一般在 1 ~ 5 年内完成，具体取决于规模。

中期规划一般为控制性详细规划，规划期限为 10 年左右，根据发展情况不同需进行修编，进行修编时间一般在 3 ~ 5 年内。

远期规划又称为总体规划或发展规划、概念规划等，规划期限为 20 年，一般每 5 年要进行修编。

（8）绿色规划

考虑到规划区域的特殊地理环境，在规划绿化和种植时，有必要在考虑场地特征和景观因素的同时还要考虑全局生态规划。通过布置和改造，充分利用和保护原始环境中的植被，使其形成以林地为主体，树木、灌木、草、藤蔓、花卉和水生植物相互补充，层次丰富，植物群落密集，空间顺序发生变化，每个板块选择不同的植物形成独特的植被景观。绿化计划分为四个规划部分，即绿色规划、绿线规划、节点绿色规划和滨水绿色规划，中间也适当考虑到植被种植策略、树种选择等方面。

（9）经济技术指标分析

包括经济指标分析、社会指标分析和环境指标分析三个方面。

1）经济指标分析

经济指标分析是指对不同的技术政策、技术规划和技术方案进行计算、比较和论证，综合评价其是否具有先进性，以达到技术与经济的最佳结合，最终取得最优技术经济效果的一种分析方法。经济指标分析有以下方法。

①方案比较分析法

方案比较分析法通过一组指标系统比较为实现既定目标而设定的几种不同方案，经过计算、分析和比较，判断这些指标可以从哪些方面解释该方案的技术和经济效果，从而从中选择最优解。在利用这种方法解决问题时，第一步需要选择合理的比较方案，明确方案的指标体系；然后均衡比较方案的合理性、可行性以及经济性，计算、分析和比较各种程序，以获得定量和定性分析结果；再然后通过定量和定性分析对整个指标体系进行全面比较和分析；最终选择最佳解决方案。

方案比较分析法的最大特点是首先有既定的可供分析和比较的若干个方案，最终方案是比较后确定的；其次，各种方案各自的指标体系既具有独立性，相互之间又有交互性，而且各指标体系的组成是科学合理的。这种方法比较简单，易于掌握，在实际工作中应用得比较广泛。

②成本效益分析法

成本效益分析法是指对每个技术方案的耗费与所得进行比较，并选择出成本最低而效益最高方案的一种分析比较方法。采用这种方法时，一般先是将方案的指标分为耗费（成本）指标和所得（效益）指标两大类，在实际工作中为了便于计算分析，又把效益指标分为可计量和不可计量两种。通过对耗费和效益的预测和计算，可在坐标图中绘制出各个方案的"成本—效益"曲线，然后进行对比分析，以求出最佳方案。在经济效益查账中，此法主要用于对不同技术方案合理性的审查。

成本效益分析法的特点是需要检查人员寻找成本效益的临界点。这种方法不但可以对不同类型的技术方案进行判断和检查，还能对纳税人税收筹划安排的合理性进行分析检查，以及对在生产经营过程中产生的各类成本和增值税进行检验。

③投资分析法

投资分析法是指对研究建设项目、更新改造技术组织措施和企业生产经营中的技术方案进行可行性分析时所使用的方法。主要内容是分析旧工业项目的技术性、经济性和社会性三个方面，具体来讲就是从不同方案的经营费用、投资额、投资回收期、提供的积累、解决的就业人员、改变社会环境等方面进行比较分析，对投资决策起到引导作用，以获取最大的投资效益为目标。

④系统分析法

系统分析法是基于系统的整体优化，定性和定量地分析系统的各个方面的一种分析方法，为选择多个选项以实现预定目标提供决策和依据。系统分析法具有较强的系统性和程序性，在适用范围内具有较高的分析和检验效率。因此，它更适合于分析和检验投资行为对税收的影响。

2）社会指标分析

社会指标分析是指对国民经济和社会发展综合统计指标的分析。社会指标分析包括确定其区间范围、划分其项目类别、区分其层次级别、排列其时间延续上的序列、规定社会测量的尺度、进行各项社会指标的整合等。共分为三种方式：规划性社会指标体系、根据社会目标建立的社会指标体系及以某种理论为基础而建立的社会指标体系。

3）环境指标分析

环境指标分析是指衡量人类社会活动所引起的环境后果。由于人类的生活和生产活动必然会引起环境发生各种各样的变化，这些变化对人类的继续生存和社会的持续发展的反作用是不相同的。环境效益有积极效益、直接效益和间接效益。其货币计量值可以根据环境保护措施实施前后环境不利影响指标或环境状况指标的差异计算得出，其价值包含在社会经济发展指标体系中。从根本上说，环境效益是经济和社会效益的基础，经济效益、社会效益则是环境效益的后果。三者相互影响，辩证统一。人类的使命是寻找能够使三者统一的活动方式和内容，即找出能够使社会继续发展、经济继续发展、环境不断改善的方案。

在旧工业建筑及周边环境的功能整合中，这些长期形成的既有环境中稳定、不可变的因素，已经成为当前环境中不可分割的一部分。但是它们并非与旧工业建筑之间都是有机协调的关系，当中有很多与现今的社会生活也不能够完美协调，这一类的功能构成部分则通常可以通过相应的整治、更新和改造，让他们在保持原有功能的同时，寻求与遗产本体的风貌相协调一致。

对于一些严重损害到遗产生存和发展的功能性内容，需要进行功能替代，以实现与遗产本质相协调的结果。经过对诸多实例的分析和研究，可以总结出，适合被置换进入遗产整体环境的功能一般为以下内容：居住、商业（文化型、旅游型、休闲娱乐、博览展示、传统民俗、传统商业、传统餐饮）等。这些内容更易于与遗产本体的历史文化内涵相结合，因此可以作为功能置换的首选内容，成为促进整体环境的保护和未来发展更有利的因素。

通过对旧工业建筑的再生规划，既能提高对闲置以及废弃的建筑的利用率，又能保留其建筑原有的特色，继承城市的特色文化，增强居民的社会认同感和归属感。与此同时，城市特征正在下降，城市发展格局也越来越小，加强对这些旧工业建筑的合理规划设计，使其得到再生利用，可以为城市区域景观提供契机，丰富城市建筑景观，提高城市的辨识度。

通过旧工业建筑再生利用，既是对国家节能减排的低碳社会发展目标的一种响应，又是对一个城市珍贵的文化记忆的保留。同时在如今城市特征、城市发展景观趋于消失的局势下，对这些旧工业建筑物或者场所区域的再生利用，可以为场所特征的塑造和城市区域景观特色提供发展的机会，同时也可丰富城市生活场所的多样性，提高城市的影响力。

第3章 旧工业建筑再生利用功能模式设计

旧工业建筑再生利用模式多种多样，再生模式选择受政治、社会、文化、环境等不同层面因素的影响，而旧工业建筑本身的特征因素决定着其再生模式的选择。旧工业建筑再生模式选择时需要综合考虑影响因素与再生模式类型。

3.1 模式潜在因素

3.1.1 政治因素

政治因素是绝大多数城市建设活动的重要干预和影响因素之一，对于旧工业建筑再生利用规划设计来说，政治因素的影响极其重要。对政治因素进行分析总结，能够更好地促进再生利用项目的快速开展和进行。

（1）相关政策分析

随着城市进程的不断加快，如何将工业用地的土地用途改变为经营性用地成了敏感而复杂的问题。在中央和各级地方政府相继出台的城市总体规划中，对旧工业建筑所处区域从土地性质转变到区域规划均进行了重点规划。

2015年4月，按照《住房城乡建设部、国家文物局关于开展中国历史文化街区认定工作的通知》（建规[2014]28号），在各地相关部门推荐的基础上，经专家评审和主管部门审核，住房城乡建设部、国家文物局公布了长春市第一汽车制造厂历史文化街区等30个街区为第一批中国历史文化街区。这一举措可以更好地保护我国优秀历史文化遗存，有助于完善历史文化遗产保护体系，为进一步做好历史文化街区保护工作打下坚实的基础。

2017年12月12日，住房城乡建设部将北京等10个城市列为第一批历史建筑保护利用试点城市，指出要全面贯彻落实党的十九大精神，加强对文化遗产的保护传承，促进中华优秀传统文化创造性转化与发展，落实《住房城乡建设部关于加强历史建筑保护与利用工作的通知》（建规[2017]212号）要求，探索历史建筑保护利用新路径，充分发挥历史建筑的使用价值。

从各地方政府近年来出台的相关旧工业建筑再生利用的政策法规来看，很多地方政府已经意识到旧工业建筑再生利用所产生的重要意义，同时针对相应政策瓶颈，开始了积极地探索。表3.1汇总了近年来部分地方政府制定的与旧工业建筑再生利用有关的政策法规。

我国部分省、市旧工业建筑再生利用政策法规文件汇总　　表 3.1

省、市	政策、法规名称	发文单位	时间
北京	北京市非物质文化遗产保护条例	北京市文化局	2017 年 6 月
上海	关于深化城市有机更新促进历史风貌保护工作的若干意见 上海市城市更新实施办法 上海市房屋立面改造工程规划管理规定	上海市人民政府 上海市规划和国土资源管理局	2017 年 7 月 2015 年 5 月 2014 年 12 月
广东	关于深入推进"三旧"改造工作的实施意见	广东省国土资源厅	2018 年 4 月
佛山	鼓励旧厂房改造促进工业提升发展奖励办法	佛山市人民政府	2017 年 7 月
惠州	惠州市"三旧"改造用地协议出让缴交土地出让金办法 惠州市住房和城乡规划建设局关于海绵城市建设管理的暂行办法	惠州市人民政府 惠州市住房和城乡规划建设局	2017 年 12 月 2017 年 12 月
江门	"三旧"改造专项规划	江门市人民政府	2011 年 9 月
杭州	杭州市现有建筑物临时改变使用功能规划管理规定（试行） 杭州市工业遗产建筑规划管理规定（试行）	杭州市规划局 杭州市人民政府	2008 年 8 月 2012 年 12 月

从表 3.1 可以看出，制定政策的部门并非来自同一部门，各自角度不同、政策指向单一。这样的结果便造成在政策实施中出现衔接不足、缺乏统筹等问题，即便在同一个城市中也无法配套执行。

（2）政策瓶颈分析

旧工业建筑（群）的再生利用，基于土地管理角度是用地性质转换，将"工业用地"改变为"商业用地"或"综合用地"；基于规划管理角度是违背建设工程规划许可制度的行为；基于房屋的使用功能则是改变房屋用途的行为。因此本书从土地性质转换、建筑物用途限制、其他等三个角度进行政策瓶颈分析。

①土地性质转换

旧工业建筑所在的土地在其建设之初，其建设用地性质均为工业用地，因为各种原因进行再生利用之后改作其他用途，其用地性质已经发生了实际变更。

老国有企业使用的土地多为划拨用地，与改革开放后通过土地使用权转让方式获得的工业用地相比较，土地处置权较为模糊。一方面，国有企业使用的土地完全属于国家的概念在实践中逐步淡化，政府不能像过去一样对该土地进行自由支配；另一方面，企业对其使用的划拨土地至今依然没有经营权、转让权、出租权等。长期下去，对国有企业来讲，面对市场变革却无法盘活闲置的土地房屋资产，适应市场以摆脱困境。对国家社会来讲，土地房屋闲置或低效运转，无法有效利用。

②建筑物用途限制

旧工业建筑所处的区域在城市总体规划中根据城市发展的趋势和需求，土地经规划后多已成为商业区、居住区、高新技术产业区等性质土地。由于历史的原因，加之该宗地掌握在业主的手中，在完成旧工业用地属性变更和新项目按新的规划条件建设前，建筑物用途与城市总体规划间往往存在差异，致使旧工业建筑的再生利用推动缓慢。

假定旧工业用地按照城市总体规划，其建设用地属性获得变更许可，则按照新的用地属性，彻底将旧工业建筑拆除，重新规划建设，当然与政策法规无矛盾。这是许多开发企业获得土地后拆除旧工业建筑，尽最大可能增加建设可直接获利的新建项目的最佳理由。

③其他

旧工业建筑经再生利用后要明确该房屋的所有权，按照建设程序获得包括土地、规划、环保、建设的许可后依法建设是重要的前置条件，是申请获得房地产所有权证的合法有效凭证和必备的要件。而在政府各部门对建设工程项目的管理中，并无对旧工业建筑再生利用项目管制程序的针对性条文描述，现行管理体系根本无法涵盖旧工业建筑再生利用项目的特殊性。

（3）现有政策支持分析

政府通过研究制定和实施激励政策，鼓励相关单位和个人对存在问题的既有建筑进行改造，充分挖掘既有建筑的潜力，不仅可以节省建设资金，而且可以避免资源的过度消耗，对于实现可持续发展具有重要意义。借鉴我国已经实施的既有建筑节能改造相关鼓励政策及政策实施效果，对于旧工业建筑再生利用往往采取经济激励、技术扶持、重在引导的方式推动旧工业建筑再生利用的发展。

旧工业建筑再生利用激励政策的制定和实施能够进一步拓宽改造资金的融资渠道，提高建筑产权人及相关单位对旧工业建筑再生利用的积极性。同时可以弥补监管机制缺失或监管成本过高的问题，有助于推动旧工业建筑再生利用目标早日实现。

3.1.2　社会因素

在构建和谐社会的大前提下，工程项目建设如果导致社会影响很差，必然会导致投资方预想的经济收益无法实现。相反，如果工程项目建设的社会反响很好，也必然对投资方经济收益有所提升。可见，经济效益与社会效益是正相关关系。衡量工程项目社会效益的指标很多，但一般多为定性指标。对于旧工业建筑再生利用工程项目主要包括项目对地域经济发展的影响能力，为当地提供就业机会的能力，与当地社会民俗环境的协调统一程度，全过程中对自然、历史、文化遗产的保护程度，建设及运营过程中对周边居民的干扰程度以及对区域文化水平和文明程度的提升能力等。

（1）社会文化对再生模式的影响分析

城市的社会文化因素属于上层建筑范畴，是城市群体意识形态及其作用的社会反映，它对城市机器运转起主导作用。其中意识形态和价值取向决定了城市存在和发展的目标，由于人类生存观念所衍生的道德准则决定了城市行为模式，而文化因素又会影响城市文化景观。因此，城市社会文化形态下的城市运作模式影响着城市整体形象。

城市物质更新体现了社会文化更新，由大规模的拆旧建新逐渐向保护再利用与新建相结合的方向发展，以达到提升城市的文化内涵、节约能源和资源消耗、减少环境污染的效果，进而从根本上改善人类城市生活的品质，保障人类社会的持续发展。

随着时代的发展，产业结构调整，城市要为经济创造出更多的发展空间，但是盲目的"拆旧建新"只会加速工业城市的落寞，伤害曾经为之奋斗过的人们的情感。一些工业建筑的社会文化价值体现在其对当地生产工业化的影响，对相关地区社会城市化发展的影响，对周边地区交通发展的影响。

因此，在再生利用过程中应创造性地展现反映历史信息和文化情感的场所记忆。将这些旧工业建筑作为"城市发展的见证"传承给后代，通过文化性塑造将具有工业性格的旧工业建筑改造成文化建筑是最佳的方向。通过这种方式，老一代人的记忆得以保存和延续，城市物质技术的发展得以传承，从而促进城市的健康发展。

（2）社会经济条件对再生模式的影响分析

城市经济结构并不局限于城市生产方面，而是包括城市物质、经济内涵的综合效益。它决定了城市利用土地、劳动力和资本来影响城市结构布局、规模和类型的方式。

对于建设单位而言，通常无法开展没有足够经济效益的项目，这便从一方面决定了旧工业建筑的再生模式类型与建设单位的再生模式选择。对于旧工业建筑再生利用项目来讲，其经济效益很大程度上还受国家宏观发展政策、税收政策等以及投资决策时所采取的融资方式和制定的项目投资计划等影响。

（3）技术条件对再生模式的影响分析

技术可以激励人们改变关于城市的传统概念并影响城市的物质结构形态。技术的发展推动政策的改变，从而改变城市的发展模式。也可以使用技术保护城市工业发展的历史印记。

旧工业建筑修建之初所采用的建造技术或工艺在一定程度上影响着其再生模式。在功能置换时，选择对环境污染小并能带动和振兴区域经济、推动文化发展、激发社区活力的文化建筑，并在改造中引入积极的节能技术，宣传绿色生态环保理念，有助于推动城市的可持续发展。

新型技术的产生为旧工业建筑再生利用提供了多种用途。当旧工业建筑通过重建的方式处理时，拆除（产生建筑垃圾）和新建（消耗建筑材料）的过程也必然带来碳排放的增加。同时，传统的拆除会造成噪声及空气污染，拆卸的建筑垃圾通常不可自然降解。日本有关学者研究表示：建筑业有关环境污染占环境总污染比例约为34%；与具有35年周期的建筑相比，具有100年周期的建筑物造成的污染程度可降低17%。例如，天津纺织机械厂的再生利用——原厂区占地面积138亩，存在6.1万 m² 的闲置厂房，老旧建筑23栋，若全部拆除会带来61232吨的建筑垃圾，而新建同建筑面积的房屋则需消耗相当于 5417 吨的标准煤炭。采用再生利用模式后最终达到节约成本 63.6%。

（4）产业布局调整对再生模式的影响分析

我国经济建设初期，生产方式的大规模转变打破了原有的城市结构，城市中心出现了大片的工厂区、仓储区和运输区，铁路和河道等交通枢纽都围绕工业生产与运输地而展开，使城市用地以围绕生产方式而发展。

随着全球范围内城市化和经济一体化进程的加快，以传统制造业为基础发展起来的城市均出现了不同程度的停滞与衰退。其中典型的传统工业城市如沈阳、西安、大同、唐山等老工业基地的传统工业结构逐步瓦解，出现了大量的工业废弃地和旧工业建筑。这些地块往往存在着占地比重过大、环境污染严重的生态环境问题以及企业倒闭改制等一系列社会问题，大量废弃闲置的厂区导致土地的极差效益没有得到很好的解决。

城市土地的价值取决于它在城市空间中的位置。不同地块周围的环境质量、交通便利程度、基础设施、服务设施、教育文化、科技资源等状况也各不相同。因此不同区位的旧工业建筑再生模式便产生了一定的差别，为了适应其所在区域的现状发展，旧工业建筑再生模式往往会做出不同的调整。同时将同样的资金投入到同样面积但不同区位的土地上也会带来不同的收益。

旧工业建筑再生模式对区位有不同要求。正常情况下，商业、办公、金融等利润率较高的第三产业要求市区中心等区位条件好的位置。就第三产业来说，其利润与所处地理位置有很大关系，若位于市中心，往往会带来较多的超额利润。这种由区位优势带来的超额利润，客观上将转化为级差地租，这种级差地租决定了城市土地的价格。

一些工厂在生产作业过程中会向外排放有毒有害气体、烟雾和污水，对城市生活环境构成威胁。随着人们环境意识的提高，对环境污染进行整治的要求愈加迫切，必须避免选择产生环境危害而又难以防治的模式，从而提高城市环境整体质量。同时按照现代化中心城区的功能要求，为发展第三产业提供空间。

有时上述两种情况都有，表现为综合的再生利用问题。如北京首钢即将开展的"退二进三"改造再利用，就既涉及企业污染治理又与作为长安街西端黄金地段的区位土地价值的合理利用相关。

上述种种因素导致城市结构和布局的调整以及城市功能质量的提升需求，大量的城市旧区地段面临更新改造，而其中旧工业建筑再生利用通常是主要对象。

3.1.3　文化因素

没有历史的城市是没有吸引力的。作为历史的最好承载者和见证者，这些曾经驻足城市的工业厂区及其建筑，代表了一座城市的发展历程，是人们印象中的重要内容。它们曾经在城市的特定阶段发挥了重要作用，是社会记忆中浓重的一笔。

在城市建设中，有选择地对旧工业建筑进行再生利用，不仅保留了一座城市的历史痕迹，也为人们回忆过去创造了客观可能。

首先，旧工业建筑记载着城市发展历史，其环境和场所文化能够唤起人们的回忆和憧憬，人们因他们自身所处场所的共同经历而产生认同感和归属感。

其次，旧工业建筑作为 20 世纪城市发展的重要组成部分，在空间尺度、建筑风格、材料色彩、构造技术等方面记载了工业社会和后工业社会历史的发展演变以及社会的文化价值取向，反映了工业时代的政治、经济、文化及科学技术的情况。与其他类型的历史建筑比较，旧工业建筑同样是城市文明进程的见证者，这些遗留物正是"城市博物馆"关于工业化时代的最好展品。坐落在城市公共空间的旧工业建筑，如大跨型厂房、仓库、生产设备、特异的构筑物等往往具有个性，还具有一定的方位地标作用，其中很多还是所在城市的特征性地标，是人们从景观层面认知城市的重要构成要素，如无锡民族工商业博物馆（原茂新面粉厂）。

（1）历史发展角度的文化传承分析

在 20 世纪 90 年代城市更新中，一些西方城市产生了许多有缺陷的城市内部空间，让人们重新开始理解产业类历史建筑及地段的意义，工业时代的文明遗存——产业类历史建筑及地段究竟何去何从，成为建筑学术界关注和研究的热点。1996 年提出的城市"模糊地段"（Terrain Vague）中就指出包含诸如工业、铁路、码头等城市中被废弃的地段需要保护、管理与再生。

在城市发展过程中，旧工业建筑占据了不可或缺的历史地位，是城市的重要组成部分。其中有些是现代主义建筑的典范，有些则是代表了当时新建筑技术的应用。它们多以城市中的河道、铁路、道路作为纽带相互关联，在城市中形成一种独特的工业景观。

从延续城市文脉、记录城市历史、折射城市发展轨迹角度而言，旧工业建筑再生模式的选择是原有使用功能进行重构和转换，是基于原有工业建筑的结构特征和文化品质所进行的二次设计和建设。

我国近现代工业从零开始，经历了外资企业兴建的近代工厂、洋务派官员以及民间资本家兴办的中国民族工业、新中国的社会主义工业等各个不同的发展阶段，可以看到我国旧工业建筑所潜在的独特文化价值。

旧工业建筑再生利用最大意义就在于旧工业建筑本身所具有历史文化的功能。完成再生利用的旧工业建筑以何种新模式作为道德、审美和精神价值准则的载体，这毫无疑问是在决策阶段所需解决的问题。

所选择的再生模式必须可以捕捉旧工业建筑原有的价值，能够赋予未来的新活力，并对城市的发展和演进产生一定的作用。

我国工业建筑遗产拥有丰富的空间形态类型，各个历史时期的工业建筑及空间特色亦具有显著的多样性、重要的遗产价值和文化意义。如南京金陵制造局、苏州河沿岸产业类历史建筑等，如图 3.1 所示。

（a）金陵制造局

（b）苏州河沿岸历史建筑

图 3.1　产业建筑

然而中国的旧工业建筑也正经受着历史上最严重的破坏和毁灭，以极快的速度消失，众多城市急于快速发展，城市建设发生了开发性破坏，如著名的沈阳铁西区产业类历史建筑在近年房地产开发中几乎被完全清除，而类似情况在其他城市也非常普遍。

与此同时，旧工业建筑在工业技术和建筑技术方面的卓越贡献也促使了人们对其进行再生利用，为后人研究和学习留下了珍贵的技术证据。

（2）产业技术角度的文化传承分析

首先，20 世纪 60 年代工业考古学科的发起及其学术规范的推动者主要来自技术史学家，他们热情宣传和倡导工业革命时期技术遗产的历史价值。

自 20 世纪 90 年代以来，工业考古已经从以工业遗产技术为核心的研究模式转变为景观和社会考古学方法的结合，在工业遗产研究中强调人与社会关系层面的模式。

在各工业遗产的挖掘和保护规划的案例中，大多数都反映了技术内史价值和外史价值的成功结合。工业技术在于某一时代产业的开创性，先进的工艺流程和工程技术的独特性都以物质的形式寄存在旧工业建筑之中，这些技术和流程本身就是再生利用后的文化建筑中最好的文化艺术作品呈现。

现代新技术和工业发展所带来的社会变迁，是这段并不成功的工业化进程给中国社会和文化带来的最大影响。它是中国旧工业建筑遗产技术史价值另一重要内涵，在旧工业建筑遗产价值保护中值得深入地挖掘和展示。

从旧工业建筑的角度来说，中国迄今为止保留的近代冶金设备、厂矿建筑等实物留存已经非常罕见，但在现有的企业档案文献中可以挖掘出一批反映技术与社会变迁极具价值的遗产。例如通过对相关文献的挖掘和整理，可以丰富中国旧工业建筑遗产的内涵，也更具讲述历史和教育后人的功能。

旧工业建筑的群体艺术品质是基于图像的视觉美感，通过厂区的总体布局、环境绿化、建筑的内外空间组合、视觉组织等加以处理。旧工业建筑的群体艺术美应体现劳动环境美，它应是一种整体美，是功能、技术、艺术与文化的有机组合，这不仅体现在建筑内部，也应体现在建筑外部、厂区环境以及周围更大的环境协调之中。目前我国的旧工业建筑从总体上讲，存在工厂总体布局分散、零乱、建筑形象"千篇一律"、环境质量及艺术质量差等问题。原因在于工业建筑的文化表达长期以来未引起人们的足够重视，片面和过分强调使用功能的作用，忽视了自身的文化价值。因此，旧工业建筑如何选择其再生利用模式才能充分挖掘和重构其建筑文化，处理好日渐增多的工业建筑的群体艺术质量与提高工业建筑的文化价值应引起我们的足够重视。

建筑技术体现在许多工业建筑风格、样式、材料用法、结构或特殊构造做法方面都具有开创性和独特性，具有建筑史的研究价值。旧工业建筑因其区位优势和未尽的物质寿命，见证了城市的发展和历史，将其多方面的改造价值浓缩在文化建筑中供后人参观和活动，是实现这类建筑的改造再生最好归宿之一。

3.1.4 环境因素

总体说来，在旧工业建筑所处的整体环境中进行规划设计，其主客观实体要素内容就是旧工业建筑本体、旧工业建筑周边整体环境中的物质要素与非物质要素以及对旧工业建筑环境的观赏具有重要影响作用三大类。

旧工业建筑本体及其自身的物质与非物质构成内容，是在整体的遗产环境当中占据绝对主导和控制地位的，它们对于周边建筑环境有重要的视觉和主客观影响，是环境改造和重塑设计中原型要素的源泉，也是对于环境空间未来的变化起着限制作用的主要因素。

而周边环境的物质要素和非物质要素，则是在旧工业建筑周边整体环境的保护与规划设计中，规划师和建筑师等专业人员可以着重进行再生利用来进行设计的对象。

其中，物质要素主要包括自然环境要素、人工环境要素两类。其中自然环境要素有气候条件、地形条件、生态保护要素，由于是遗产环境的天生客观条件，因此对于形成旧工业建筑的整体环境具有重要的影响限定作用。人工环境要素包含了建（构）筑物、街道环境要素、公共开放空间要素和城市基础设施、街道小品要素四类，它们是在现代塑造遗产周边环境的整体空间历史文化氛围最为直接的物质构成要素，也是可以直接被人们视觉感知的。对于建（构）筑物主要包含它们的规模、布局、形态、尺度、体量、色彩方面的造型、风格、屋顶、装饰、材质等；街道环境要素主要体现在道路性质、级别、宽度，沿街建筑高度、绿化景观、建筑与街道的高宽比等；公共开放空间要素则是指广场、公园、绿地的选址、规模、空间尺度、小品景观等；城市基础设施、街道小品要素主要包括各种城市市政设施系统和城市标识系统的灯具、标牌等内容。

非物质要素主要是指历史事件及历史记载、传统技艺以及社会环境要素等内容，这些要素并非以物质实体的形式存在，它们的表达也需要通过人工环境要素作为物质空间载体来反映，也就是说要把精神层面的内容经过合理的解读转化为物质形式反映出来。

如将历史事件、历史人物、传统技艺等，通过人工环境中的建（构）筑物、景观小品等形式反映出来，成为能够被人们所感知的物质实体的内容。在旧工业建筑环境的规划设计中，各种历史文化信息和文化意义正是需要这些人工环境要素与自然环境要素的综合设计和互相结合，同时反映出非物质要素的精神文化内涵，才能综合塑造出和谐整体的遗产环境空间。

因此在模式选择时，应当对旧工业建筑环境当中的各种物质要素与非物质要素进行全面综合的分析研究，并最终体现在物质实体的建（构）筑物、街道环境、开放空间、景观小品等方面，通过实体的空间环境物质构成要素反映文化遗产所包含的历史文化内涵和地域文化内涵，从而使人们可以直接视觉感受到历史文化与周边环境的和谐统一，并置身于具有深厚历史文化底蕴的整体空间环境。

同时，旧工业建筑周边环境的规划设计者承担着传承地域文脉的责任。在旧工业建筑周边环境中的各种新建、改扩建内容与遗产本体所处的地域文脉结构形成有机流，相互渗透交叠。具体的规划设计当中既包括历史时间轴的纵向传承关系，也包括空间轴上的横向环境联系。

在旧工业建筑再生模式选择时，周边环境的规划与设计应该尊重地域文脉、保护地域文脉、提炼地域文脉、发展地域文脉并延续地域文脉。通过这种方式，可以有效地保护地域历史文脉，并予以传承和发展。

3.2　再生模式类型

3.2.1　旧工业建筑分类

旧工业建筑分类有很多，根据类型、功能、造型、材料等不同标准，可进行不同的类别划分。如根据建筑的类型可以按以下两种方式进行分类：

（1）根据层数分类：可以将工业建筑分为三种类型：单层厂房、多层厂房以及混合层次的厂房。三者的特点和用途也各不相同。在单层厂房中，生产设备和工艺流程都会采取水平布置的方式，设备多是装备制造、金属冶炼等重工业所需要的设备。而在多层厂房中，因为厂房空间比较高大，所以设备既可以水平布置也可以垂直布置，适宜轻工业生产，如食品加工、五金生产以及纺织等。混合层次的厂房也被称为特异型厂房，它可以根据一些特殊要求来进行生产设备的布置，一般广泛应用在冷却塔、炼钢高炉、大型的储气罐等基础工业。

（2）根据结构形式分类：在单层厂房中又可以分为三种形式：钢筋混凝土结构、砖混结构以及钢结构。在多层厂房中也可分为三种形式：无梁楼板结构、装配式墙板结构以及应用最多的框架结构，见表 3.2。

旧工业建筑分类　　　　　　　　　　表 3.2

建筑单体形式	结构形式	平面柱距	跨度	结构组成	适用对象
单层厂房	砖混结构	5～7m	10～15m	砖墙、钢筋混凝土柱、钢结构屋架	小型厂房
	钢筋混凝土结构	6～12m	12～30m	钢筋混凝土柱、钢筋混凝土屋架	中型厂房
	钢结构	一般为12m	30m以上	钢柱，钢屋架	巨型设备生产需求的高大厂房
多层厂房	框架结构	9～12m	9～12m	钢筋混凝土梁柱	轻工业厂房
	无梁楼板结构			钢筋混凝土柱	
	装配式墙板结构			—	

3.2.2　单一再生模式

（1）商业场所。以商业、休闲、金融、保险、服务、信息等为主要业态的公共建筑；旧工业建筑经改造和空间划分，可适应多种商业空间，历史底蕴和工业美感使其更具有商业特色。

随着城市的发展，部分旧工业建筑的旧址所处地段逐渐成为城市的中心地带，这对其改造本身就带来了一定的紧迫性，设计师和开发商都考虑到其改造后的新功能可以更好地与新环境融合，综合厂房自身条件将其改造为商业空间及步行街，如商场、批发市场、制造厂、餐厅、酒店等。哈尔滨市西城红场、南昌市一九二七如图 3.2、图 3.3 所示。

图 3.2　哈尔滨市西城红场　　　　　　图 3.3　南昌市一九二七

旧工业建筑再生规划为商业场所的条件主要有两方面，其一是建筑物自身的物质条件，商业空间往往需要大跨度的结构体系，内部空间应规整、宽敞，而工业建筑自身就有这些特征，且采光条件好，内部空间和结构都有灵活易变的特征；其二则是建筑所处地段的地理条件，这也是旧工业建筑能否再生规划为商业建筑的必要条件，该地段是否具有便利的交通系统、其他附属建筑以及消费人群等。

（2）办公场所。将旧工业建筑空间进行分隔改造形成的固定工作场所；以大空间、多人共同的工作方式取代单一小隔间单人工作方式，顺应办公方式转变。

许多艺术家将办公室搬进旧厂房，通过自身敏锐的艺术眼光和设计手法为旧工业厂房注入了新的活力，并且通过再生设计后的旧工业建筑摇身一变成为具有工业气息且使用功能改变的办公空间，同普通办公场所相比，有很高的艺术价值和品位，同时建筑本身还有较好的文化价值。如德国 BwLIVE 办公室、南昌 8090 梦工厂，如图 3.4、图 3.5 所示。

图 3.4 德国 BwLIVE 办公室

图 3.5 南昌 8090 梦工厂

旧工业建筑再生规划为办公场所较好实现，许多大跨型、常规型旧工业建筑都可以经再生规划成为办公建筑。还有一些特异型旧工业建筑，它们显著的特点是其外形依据使用功能而建，反映功能特征，因此这一类旧工业建筑在再生规划中对改造的方向限制较大，适合再生规划的类型多为空间赋有变化的、大小不一的建筑，一些具有敏锐视角和洞察力的艺术家们也充分地利用了这类建筑的特点，将其改造为自己的工作室及艺术中心，这种办公形式获得了很大的成功，"LOFT"这种旧工业建筑的改造方式也从此被人们熟知并广泛沿用。

（3）场馆类建筑。是指包括观演建筑、体育建筑、展览建筑等空间开敞的公共建筑；以建筑结构大空间及历史感为基础，实现馆内功能灵活划分，满足不同展览要求。

工业建筑开敞的大空间、高屋架和良好的采光通风等特质具备改造为场馆类建筑的优势，许多旧工业建筑被再生设计为展览馆、博物馆、纪念馆、画廊等。还有许多工业遗址建筑，它们自身具有典型的建筑风格、艺术效果和文化景观，将其再生设计为博物馆、纪念馆等空间，这既是保护工业遗产的有效积极的手段，还可以"变废为宝"，是一种积极且值得大力提倡的再生设计方式。如晋中市平遥国际摄影博物馆、青岛市啤酒博物馆，如图 3.6、图 3.7 所示。

这种再生设计模式非常适用于工业遗迹和工业遗留建筑的改造再利用，可以充分利用建筑自身所具有的遗产优势，结合创意性的设计手法，加之废弃的工业设施原本就成了具有历史价值的展览品，具有营造艺术气息和历史氛围的特性。在国外，这种再生设

图 3.6　晋中市平遥国际摄影博物馆

图 3.7　青岛市啤酒博物馆

计模式早已被应用，在我国虽还属于起步阶段，但已呈逐渐增多的趋势，还需在日后的发展中提高。

（4）居住类建筑。将旧工业建筑改造为住宅式公寓、酒店式公寓、城市廉租房等居住建筑；将旧工业建筑改造为多层小空间组合，如住宅式宿舍、酒店式客房、廉租房等，提升土地利用率。

旧工业建筑已有被再生规划为公寓住宅的案例，其利用工业建筑大空间的特点，再运用模数化手段将要改造的居住空间分为一个个的单元，这种设计具有空间简洁和结构设备经济、面积小、开间小等优点。通过这种将旧工业建筑再生规划为居住类建筑，较之新建的住宅建筑可以节省较大的建设成本。建成后可以相应收取较低的费用，加上政府及相关部门给予一定的政策引导，使这些再生后的住宅建筑为生活有困难的群体带来真正意义上的实惠和便捷。如荷兰 Deventer 旧工业区住宅，深圳市艺象 iDTown 设计酒店，如图 3.8、图 3.9 所示。

图 3.8　荷兰 Deventer 旧工业区住宅

图 3.9　深圳市艺象 iDTown 设计酒店

常规型旧工业建筑中，可将轻工业厂房、多层厂房、仓库等通过再生设计改造为住宅或宿舍楼。多层厂房再生设计为住宅时，可以通过将中间部分拆除作为天井的方法来解决工业厂房进深大而影响住宅采光的问题，同时还可利用厂房原有层高较高的优势，改造中通过增设夹层的方法，丰富住宅内部空间，是旧工业建筑再生规划为居住类建筑的常用手法。

（5）遗址景观公园。将具备历史文化价值的旧工业建筑、设备设施等的保护修复与景观设计相结合，对旧工业区重新整合形成公共绿地；以工业废弃地生态恢复为基础，构建公园绿地场所，延续场地文脉，将人类活动重新引入。

旧工业建筑本身就散发着一种历史气息和工业氛围，置身于旧工业建筑的氛围中，就像在听人诉说一段特定时期的历史故事一般。将旧工业区改造成公园的创意为人们提供了一个很好的场所，可以游玩、休息、怀旧等，丰富当地的文化活动。这种新颖大胆的改造尝试，大大提高了人们走出来的可能，加强了人的参与性。如德国鲁尔工业区、中山市岐江公园，如图 3.10、图 3.11 所示。

图 3.10　德国鲁尔工业区

图 3.11　中山市岐江公园

规模较大的旧工业建筑群、工厂和旧工业区，可充分利用厂区内的建筑物、构筑物、工业元素和生态环境，适当加入新元素使其再生为工业主题的公园，同其他主题公园不同的是可以就地取材，以旧造新，并且有纪念意义。充满工业气息和工业文明、充满历史气息同时又注入新的活力的主题公园，不仅能提高人们的生活质量，同时也为城市的建设带来帮助。

（6）教育园区。将旧工业建筑改造为教室、图书馆、食堂、宿舍等教育配套设施，与旧工业区的整体环境设计相结合，形成教育园区。以旧工业区的整体环境为依托，将旧工业建筑空间进行分割，改造为教室或图书馆等教育设施，形成良好的文化氛围。

近年来也有设计者综合场地、区位等多方面的因素，将规模较大的旧工业建筑群和旧工业建筑厂区改建为学校等教育类功能的建筑。这种改造方向在旧工业建筑的再生设计领域已经成为一个方向，主要是针对在校园内存在的具有保留价值及使用功能的旧工业建筑，可以根据学校自身的实际情况，就地取材，将旧工业建筑通过再生规划继续作为教学空间投入使用。如西安建筑科技大学华清学院、上海电子工业学校，如图 3.12、图 3.13 所示。

图 3.12　西安建筑科技大学华清学院

图 3.13　上海电子工业学校

工业气息浓厚的旧工业建筑，通过再生规划可以成为校园内独特的风景线，丰富在校师生们的校园文化生活，成为校园内富有个性化的空间，旧工业建筑再生规划为教学空间具有很好的文化价值。旧工业建筑再生规划为教学空间的实例在国内早已普遍，并呈现出多样化的趋势。

3.2.3　组合再生模式

对于较大区域的旧工业建筑群来说，再生过程中要考虑的因素更多，再生利用范围更大，再生功能也更多，因此再生利用组合模式类型主要包括创意产业园和特色小镇。

（1）创意产业园。以文化、创意、设计、高科技技术支持等业态为主的产业园区；以旧工业区历史文化和艺术表现为基础，延续城市建筑多样性，维持城市活力，连带创意产业共同发展。如沈阳市 1905 文化创意园、南昌市太酷云介时尚产业园，如图 3.14、图 3.15 所示。

图 3.14　沈阳市 1905 文化创意园

图 3.15　南昌市太酷云介时尚产业园

旧工业建筑是为了满足工业生产和大型机械设计，而创意产业园是以发展艺术文化、高新科技和创意事业为主，但是艺术创作和展览需要一种非常规的创意大空间，这就与旧工业建筑的大空间厂房不谋而合。由于原有空间并不能够完全适应新的创作需求，改造中应该着重对这些契合要素进行转换。

　　旧工业建筑转化为创意产业园的过程中，在新旧功能和空间形式方面存在着可以转化的中间领域。对原有空间进行充分利用和保护是其初衷，而在改造中将原有大空间分隔成办公小空间或者将原有分层空间拆除成单层大空间都是一种再生的方式。在改造过程中，根据实际的风格和功能特点来选择不同类型的旧工业建筑进行改造，能够减少改造经费，充分利用旧工业建筑高大开敞的特点营造出极具震撼的空间。

　　(2)特色小镇。集合工业企业、研发中心、民宿、超市、主题公园等多种业态，功能完备、设施齐全的综合区域。依据遗留特色建筑，以旅游休闲为导向，集商业、旅游、文化休闲、交通换乘等功能于一体。如杭州市艺创小镇、芜湖市殷港艺创小镇，如图 3.16、图 3.17 所示。

图 3.16　杭州市艺创小镇

图 3.17　芜湖市殷港艺创小镇

　　特色小镇是具有特色与文化氛围的现代化群落，确切地说特色小镇不是传统意义上的镇，它虽然独立于市区，但不是一个行政区划单元；特色小镇也不是地域开发过程中的"区"，有别于工业园区、旅游园区等概念；特色小镇更不是简单的"加"，单纯的产业或者功能叠加，并不是特色小镇的本质。特色小镇，特就是有特色的小地方，特色小镇是具有明确产业定位、文化内涵、旅游和一定社区功能的发展空间平台，是集生态、生产、生活有机融合的生态圈。

　　旧工业建筑群由于体量大，范围广，历史文化价值大，对于这些宝贵的旧工业建筑应该像保护文物遗产一样去保护，它是工业百年辉煌历史的见证，是那一时代先进生产力和先进文化的丰富积淀，一所老厂房、一部老机械、一本老账册，都记录了时代发展的轨迹，述说着历史的沧桑，展示了前人的理念和智慧，是启迪和教育后人的活教科书。引入特色小镇的概念对工业遗产进行保护性开发在国内已有许多成功的案例。如图 3.16 的杭州市艺创小镇，它的前身是一座水泥厂，目前，小镇内的建筑都保留着原来水泥厂的旧貌，曾经机器轰鸣、尘土飞扬的厂区现在已经成为一座"文质彬彬"的文化创意园，并吸引了 2800 余家动漫、美术等艺创企业进驻。甘肃玉门曾是一座石油城，城区内大部分建筑还保留着二十世纪七八十年代的风貌。如今，这座石油城正打造光热小镇、枸杞小镇、石油小镇和赤金小镇的"小镇集合体"。

3.3　再生模式选择

3.3.1　再生模式特点分析

（1）空间布局层面

随着时代的发展，旧工业建筑再生规划的外延也逐渐扩大，从原本的工程技术问题向包涵社会学科的软科学方向迈进，发展到如今，城市需要面对的问题更为复杂多样，如技术的革新，生态环境的保护和区域的可持续发展，社会价值观的实现等。旧工业建筑再生规划外延的扩大是适应社会发展需求的必然结果。

与此对应的是，区域规划的本质内核从古至今从未改变，区域规划的使命便是创造一种建筑空间（含土地利用）满足社会之需。

合理的空间布局是城镇功能发挥的重要保障。旧工业厂区空间布局优化分为三个层次，即厂域、厂区和规划准备实施用地调整的重点区域，从内容上包括空间问题分析、空间优化策略、空间增长结构、功能分区和重点任务。

①空间问题分析

包括指标分析、建设适宜性分析和利用方式分析。指标分析即对城市规划用地指标和土地利用规划用地指标的数量和空间分布进行对比分析。建设适宜性分析主要是对旧工业区空间的区位、交通通达性、地形地貌、生态敏感程度和农地保护等进行分析。利用方式分析主要对厂域空间土地利用的经济、社会和生态效率进行评价，分析其土地利用合理性。

②空间优化策略

基于空间问题分析，根据旧工业区的宏观发展战略，解决空间问题，提高用地效率的行动方针和方法。

③空间增长结构

确定旧工业区各功能区的地理位置及其分布特征的组合关系，是各功能分区在地域空间上的组织关系。

④功能分区定位

明确各功能区的范围和定位，并提出各功能区建设的基础设施建设，功能完善，城市管理和支持政策等方面的重点任务。旧工业区经济社会发展规划需要对规划期工业厂房做出宏观战略展望，同时基于规划的实施性和可操作原则，规划还应对近期旧工业区经济社会发展起到关键作用的工作进行部署和安排。实地调研中，基于用地空间布局和指标紧缺等问题，旧工业区普遍存在用地调整的要求，调整的方式有"三旧"改造、城乡建设用地增减挂钩和城市更新等。

（2）可持续发展层面

可持续发展概念提出之初，基本内容是指既满足当代人的需要，又不损害后代人满足需要的能力发展，即代际发展的可持续性。可持续发展概念起源于环境保护问题，但随着各国学者和专家的讨论和深化，结合了经济、社会、生态等方面的内容，可持续发展理念成为指导人类如何发展的理论。现在世界各国普遍接受，可持续发展的核心内容是实现经济、生态和社会三方面的协调统一，人类在发展经济的同时，关注生态环境保护和社会公平，实现人类的全面可持续发展。

可持续发展的内涵有两个，即发展与可持续性，其中发展是前提，是基础，可持续性是约束条件。发展的第一要素是人类物质财富的积累和增长，即经济增长是发展的基础，其次，发展应以生态环境承载能力为基础，以社会公平正义为目标。可持续性也有两层含义，一是自然资源和生态环境承载力有限，是人类经济活动最大的约束条件；二是发展不应该只考虑当代人的利益，要注重代际公平性，在自身发展的同时，兼顾后代人的利益，为后代发展留有余地。

可持续发展是发展与可持续的统一，两者相辅相成，互为因果。放弃发展，则无可持续可言，只顾发展而不考虑可持续，长远发展将丧失根基。可持续发展战略追求的是近期目标与长远目标、近期利益与长远利益的最佳兼顾，经济、社会、人口、资源、环境的全面协调发展。

（3）非物质文化保护层面

①工业历史价值

非物质文化遗产是在特定历史时期和地理环境下产生的，并随着人类传承至今历经沧桑。这样的形成和传承方式注定了非物质文化的多元性和多变性。非物质文化的存在承载厚重的历史文化，这些非物质文化以物质作为载体来体现文化传统的变迁、历史的演变及工业的发展，有着不可忽视的重要价值。

②工业美学价值

非物质文化遗产的最大特征是能体现一定时期一个群体的文化变迁和精神特质。针对工业遗产中物质的遗存和遗址则是非物质文化遗产的精神依托。无论是建筑或是景观，工具或者机器这些都体现着当时工人的审美和工艺，是一种综合艺术、工业艺术及造型艺术，无不是由特定历史时期工人的审美情趣、生活风貌以及艺术创造力所积淀形成的，具有极高的艺术水平和审美价值。

③工业科学价值

非物质文化遗产中保留着工业遗产的生产技术、生产过程、管理体系机理以及成因，均含有相当程度的科学因素和成分，具有很高的科学价值。同时也为我们提供了历史价值与学术价值，甚至更高层次的道德与行为规范等。深刻而科学地认识工业文化的本源，从而了解工业遗产保护的核心价值。

④工业经济价值

非物质文化遗产作为工业文化的表现形式反映了一定时期社会、政治、经济以及军事等发展状态。联合国教科文组织主张在遗产不受到破坏的前提下，可以通过市场运作进入市场，完成对遗产的活态保护及潜能开发，最终实现文化保护和经济开发的良性循环运作。这样的开发也为其他的产业，比如音乐、旅游、服饰、电影等提供了资源。

（4）产业转型升级层面

产业是经济发展的核心和基础。产业转型升级是增强旧工业区经济实力和竞争力的关键。产业转型升级的内容首要是对旧工业区现有产业发展情况进行分析。针对产业规划方面，内容主要包括以下几个方面：

①分析旧工业区产业发展现状

主要对旧工业区产业发展的条件，包括历史基础、现有产业发展基础、自然条件、人力资源、技术因素和周边地区产业发展基础、国家相关产业政策要求等因素进行分析，明确旧工业区发展基本情况、优劣势和面临的问题。

②确定产业功能和产业体系

基于旧工业区经济发展功能定位，自身产业和周边区域产业发展情况，以充分发挥自身资源优势，满足市场需求和促进支撑发展为原则和依据，进一步完善产业体系，明确主导产业，支撑产业和旧工业区生产生活所需要的其他产业类型。

③明确产业发展思路

主要包括发展思路、目标和重点任务三部分内容。产业发展思路和目标是针对各类产业类型，提出规划期间产业发展方向，重点内容和目标。重点任务即各项产业发展建设的重点，总体的思路是产业转型升级部分的规划内容要厘清政府和市场的关系，尊重市场的自发性，因此主要内容不是针对具体产业和产品发展的，而是侧重从政府如何做好产业发展环境培育和平台搭建的角度，为创造良好的产业发展投融资环境的角度来确定产业发展方向、空间布局、安排支持产业发展的资金和项目，制定实施计划和具体措施。对于旧工业区而言，普遍存在城市化滞后工业化发展的问题，城市商业服务业发展不足，集聚人气培育服务业发展是旧工业区产业发展的重点。由于人口规模有限，旧工业区发展忌搞大设施、大空间，要慎重改造传统工业区，注重小地块开发，降低服务业发展成本。

④完善产业空间布局

完善产业在旧工业区空间内的分布与组合，是将旧工业区产业发展实际与空间布局理论相结合，也是产业发展战略和任务在空间区位上的具体落实。确定主导产业和重点产业的主要发展区域的范围、定位以及为了配合产业发展需要进行的建设任务。

3.3.2　再生模式特征因素

影响再生模式的特征因素包括园区占地面积、建筑系数、建筑结构形式、层数、层高、区域功能、区域交通便利程度、区域经济发达程度、区域社会文明程度、区域生态环境状况等。具体内容如下：

（1）园区占地面积

园区占地面积直接影响到再生利用体量的大小，比如对于较大面积的园区可选择遗址景观公园、创业产业园、特色小镇等，对于较小面积的园区可选择居住类、场馆类建筑等。因此在考虑再生模式时，需要根据园区面积大小选择适宜的模式。

（2）建筑系数

建筑系数是建筑物占地系数的简称，指项目用地范围内各种建（构）筑物占地总面积与项目用地面积的比例。因此对于园区内建（构）筑物的多少及占地面积与园区面积的比例能够较为直接反映园区的空旷度或者拥挤度，对再生模式选择至关重要。

（3）建筑结构形式

旧工业建筑结构形式较多，主要有砖混结构、钢筋混凝土结构、钢结构。考虑到再生利用中结构的安全性，需特别注意结构形式的影响。比如对于砖混结构来说，应尽量减少墙板开洞，否则再生形式就会较为单一。

（4）层数

建筑层数是指建筑的自然层数，一般按室内地坪 ±0 以上计算，假层、附层（夹层）、插层以及凸出屋面的楼梯间、水箱间不计层数。层数主要关系到再生利用空间使用率，针对层数不同，来选择合适的再生模式。

（5）层高

层高与层数同样重要，需根据层高来确定在建筑内部有足够的空间进行内部增层或内嵌建筑。一般来说，重工业厂房中的机械设备都较高，层高都会较高；仓库或轻工业厂房中层高会较低。

（6）区域功能

区域功能指一个地区在政治、经济、军事、文化等方面所发挥的作用。区域功能是再生模式选择的关键影响因素。根据区域功能不同选择适合当地区域要求和区域特色的再生模式极其重要，也会影响再生利用项目的效果。

（7）区域交通便利程度

交通便利程度是一个区域发展的关键要素。对于旧工业建筑再生利用项目来说，区域交通便利程度直接影响到区域的人流量，进而影响到项目的后期运营效果，应该综合考虑再生利用项目区域的交通情况。

（8）区域经济发达程度

经济是区域发展能力的直观体现，区域的经济发达程度会影响再生利用项目的经济效益。因此区域经济发达程度对再生模式选择至关重要。

（9）区域社会文明程度

社会文明指人类社会的开化状态和进步程度，是物质文明、政治文明、精神文明、国家文明和人类文明等方面的统一体。区域社会文明程度是当地区域进步程度的综合体现，它会对再生模式选择产生重要影响。

（10）区域生态环境状况

随着"绿色生态""低碳生活"逐渐普遍开展，区域的环境状况会影响到再生利用项目的使用效果，因此要提高再生利用项目的使用效益和生态效益。

为了便于再生模式选择，将各特征因素分为 A、B、C、D 四类，具体内容见表 3.3。

影响再生模式的特征因素及分类

表 3.3

影响因素、分类	A 类	B 类	C 类	D 类
厂区占地面积	10 万 m² 及以上	1 万 m² 及以上，10 万 m² 以下	1 万 m² 以下	—
建筑系数	30% 以下	30% 及以上，50% 以下	50% 及以上	—
建筑结构形式	钢筋混凝土结构	钢结构	砌体结构	—
层数	单层	双层	多层	—
层高	层高 12m 及以上	层高 6m 及以上，12m 以下	层高 6m 以下	—
区域功能	旧工业区处于行政或商业办公区域	旧工业区处于生活居住区域	旧工业区处于商业休闲消费区域	旧工业区处于旅游、遗址或生态保护区域
区域交通便利程度	旧工业区出入口到达公共交通站点的距离 500m 以下	旧工业区出入口到达公共交通站点的距离 500m 及以上，800m 以下	旧工业区出入口到达公共交通站点的距离 800m 及以上	—
区域经济发达程度	区域经济发达	区域经济一般	区域经济欠发达	—
区域社会文明程度	人文、教育、公共卫生环境良好，区域社会安定和谐	人文、教育、公共卫生环境一般，区域社会较安定和谐	人文、教育、公共卫生环境较差，区域社会安定和谐状况较差	—
区域生态环境状况	生态环境良好。绿化覆盖率 30% 及以上、空气、水资源等良好	生态环境一般。绿化覆盖率 15% 及以上、30% 以下，空气、水资源等一般	生态环境较差。绿化覆盖率 15% 以下，空气、水资源等较差	—

3.3.3 再生模式的确定

通过对再生模式影响因素进行整理分析，结合项目的具体特殊，可进行再生模式选择。

（1）基本模式

①商业场所。可用于建筑系数 50% 及以上，单层或双层建筑，处于商业休闲消费区，经济发达，主要出入口到达公共交通站点距离小于 500m，且社会文明程度较高的旧工业建筑的再生利用。

②办公场所。可用于厂区占地面积小于 1 万 m^2，建筑系数 50% 及以上，多层建筑，距离行政或商业办公区较近，主要出入口到达公共交通站点距离小于 800m，经济发达程度较高，社会文明程度及生态环境状况良好的旧工业建筑的再生利用。

③场馆类建筑。可用于建筑系数 50% 以下，层高 6m 及以上，主要出入口到达公共交通站点距离小于 500m，区域经济一般，社会文明程度及生态环境良好的旧工业建筑的再生利用。

④居住类建筑。可用于厂区占地面积小于 1 万 m^2，建筑系数 50% 及以上，双层或多层建筑，处于生活居住区域或商业办公区域，主要出入口到达公共交通站点距离小于 800m，社会文明程度及生态环境状况良好的旧工业建筑的再生利用。

⑤遗址景观公园。可用于厂区占地面积 10 万 m^2 以上，建筑系数 30% 以下，主要出入口到达公共交通站点距离小于 800m 的旧工业建筑的再生利用。

⑥教育园区。可用于厂区占地面积 1 万 m^2 以上，建筑系数 50% 以下，建筑结构形式较多，出入口到达公共交通站点距离小于 500m，社会文明程度较高的旧工业建筑的再生利用。

⑦创意产业园。可用于厂区占地面积 1 万 m^2 以上，建筑系数 50% 以下，建筑结构形式较多，主要出入口到达公共交通站点距离小于 500m，区域经济一般，社会文明程度较高且生态环境良好的旧工业建筑的再生利用。

⑧特色小镇。可用于厂区占地面积 10 万 m^2 以上，建筑系数 50% 以下，建筑结构形式较多，区域经济一般，社会文明程度较高且生态环境良好的旧工业建筑的再生利用。

（2）组合模式

组合模式就是将传统的城市职能如交通、休息、娱乐、工作等与地区经济发展、人文与环境保护等进行高度交叠，而成为一种复合的开发模式，从而给需要综合解决多种功能的使用者带来方便。

组合模式选择时，可根据影响再生利用模式的特征类型，按表 3.4 的规定确定。

多影响因素作用下适宜组合模式选择

表 3.4

组合模式	影响因素																														
	厂区占地面积			建筑系数			建筑结构形式			层数			层高			区域功能				区域交通便利程度			区域经济发达程度			区域社会文明程度			区域生态环境状况		
	A	B	C	A	B	C	A	B	C	A	B	C	A	B	C	A	B	C	D	A	B	C	A	B	C	A	B	C	A	B	C
创意产业园+商业场所	√	—	√	√	√	—	√	√	—	—	√	—	√	√	√	—	√	√	√	√	—	—	√	—	—	√	—	—	√	√	—
办公场所+商业场所	—	√	√	—	√	√	√	√	√	√	√	√	√	√	√	√	√	√	√	√	—	—	√	—	—	√	√	—	√	√	√
场馆类建筑+教育园区+居住类建筑	√	√	√	—	√	√	√	√	√	—	√	√	√	√	√	√	√	√	√	√	—	—	√	√	—	√	√	—	√	√	√
居住类建筑+商业场所+场馆类建筑	√	√	—	√	√	—	√	√	√	√	√	√	√	√	√	√	√	√	√	√	√	—	√	√	—	√	√	—	√	√	—
创意产业园+教育园区+商业场所+居住类建筑	√	√	—	√	√	—	√	√	√	√	√	√	√	√	√	√	√	√	√	√	—	—	√	—	—	√	—	—	√	√	√
场馆类建筑+遗址景观公园	√	√	—	√	√	—	√	√	√	√	√	√	√	√	√	√	√	√	√	√	—	—	√	—	—	√	—	—	√	√	√
场馆类建筑+商业场所+教育园区+创意产业园	√	√	—	√	√	—	√	√	√	√	√	√	√	√	√	√	√	√	√	√	√	—	√	√	—	√	√	—	√	√	√

注：表中"√"表示适用影响因素，"—"表示不适用影响因素。

第4章 旧工业建筑再生利用平面系统设计

旧工业建筑再生利用平面系统设计是其再生利用规划中的重要组成部分，旧工业建筑平面系统设计主要有：①功能置换，包括置换过程中的基本原则、作用及管理；②对既有道路的再生利用和道路空间设计；③生态环境的改善，旧工业区绿地和景观再生利用与新建的方法；④网络系统设计等。此外，对旧工业区内的市政基础设施特征与现状也应有深刻的认识和了解，这也是再生利用平面系统设计的基础。旧工业建筑再生利用平面系统设计应该从旧工业区的实际出发，充分考虑不同旧工业区的特性与差别，使规划满足旧工业区发展的不同需要。

4.1 功能置换的内涵

4.1.1 功能置换的原则

（1）经济实用性原则

旧工业区原来的总平面布局将随着功能的置换而发生改变，比如因为新建或者扩建的建筑活动会对原来生态环境造成破坏，因此，为了保证改造的有效性，在毁坏与新建的交织中，要创建新的园区生活环境，其关键在于正确处理新旧总平面的承接界面。因此需要在对厂房进行再生利用的过程中，不断地发掘原厂区与再生利用后园区功能布局之间的内在关系，也可以说是一种"关联"和"联系"，结合现在时代发展的趋势以及最新的建筑理念，将原有厂区的构成要素重新排列组合并构成再生利用园区的总平面布置。

在再生利用的过程中我们不一定要全盘否定原来的工业建筑与工业设施，也不是要全部新建建筑物。为了适应当代社会经济发展的需要，原来的建（构）筑物需要新建或改建，但对于旧工业建（构）筑物是否保留，这取决于它们是否具有一定的使用价值，而与总平面的布置形式关系不大。当然我们也不必过分地保存或者迁就原建筑形式，否则会对总平面的重构产生不利影响，也会对园区的游览等功能的实现造成不便，使再生改造出现先天性不足。

因此，在对园区进行再生利用时，需要在毁坏与新建之间形成一个总平面上的统一，通过新、旧平面要素的整合，使改造之后的总平面功能布局能够承接既有历史，同时也衔接园区新的功能要求。也可以对其进行技术经济分析比较，从各种改造方案中寻找一个最优方案，这种方案既能满足园区新的功能需要，又能节约再利用投资，进而可以创造出一个功能完备、投资最优、环境良好的适应现代化生活的功能布局，如图 4.1 所示。

图 4.1　都柏林坦普尔吧街区的改建图组合

（2）继承性原则

功能布局的实现与总平面布置的好坏之间有很大的关系，而总平面布置是一个综合技术、规划、建筑、环境、艺术等多种要素的活动。既需要建筑技术，又与生态环境相统一；既有一定形式，又具有一定功能；既是对平面空间的组合，又是对时间的见证；既是人类智慧的结晶，又与人息息相关。随着时代的发展、科技的进步和经济水平的提高，人们对自己的生活与工作的要求也不断加强。在原来的历史条件之下，旧工业区这种平面布置远远落后于时代的发展，不适应新的生活和理念要求，需要对其在功能布局上进行一定的再生利用。

总平面布置的再生利用，就是将园区新的功能布局赋予在原来的总平面之上，这种功能布局需要适应新的发展，满足新的功能要求，同时也应该满足周围居民对园区再利用的环境要求，有机地将新的建筑功能与旧的总平面布置相结合。因此园区总平面的改造需要解决的问题就是新旧工业建筑、路网、环境绿化、市政工程等之间的协调共存。

旧工业建筑再生利用是对旧工业建筑总平面设计中各要素进行优化重组的过程，而不是简单的以新代旧，再生利用的过程中如果我们一味地迁就原来的工业建筑和工业设施，对其完全承接，那么新的功能将得不到充分的发挥，再生利用改造的初衷也将会被改变。同时我们也不能一味地进行更新，导致不应产生的浪费。优化重组指的是在旧的功能布局或者总平面布置基础上，对原来的厂房、路网、环境等重新融合到新的总平面设计中去，并将其作为新功能的要素，缩短建设时间，节约投资成本。因此，再生利用的旧工业建筑总平面布置应该是新、旧总平面布置的综合，如图 4.2 所示。

（a）外景一

（b）外景二

（c）外景三

图 4.2　北仓门生活艺术中心

（3）彰扬园区个性原则

园区环境是通过要素的空间布局来体现的，是建筑总平面设计的重点。过去在进行工厂总平面设计时，人们往往重工艺、重功能，而忽视了厂区环境的创造。随着人们环境意识的提高，园区环境设计作为企业形象，得到了足够的重视，如加拿大、美国、日本等出现的森林工厂、公园式工厂等，不仅为企业带来环境效益，在某种程度更能激发人们的生产热情，提高其劳动生产率。作为构成环境的不同要素，尤其是构成新、旧总平面的工业建（构）筑物，形成总体布局过程中，相互之间必然存在着排斥或者摩擦，必须通过整合来实现新、旧总平面之间的协调与协作，使其共生于一个整体之中。为了实现两者之间有机和有序的渗透和混合，其园区环境也必须与之相适应，以形成一个规律而协调的整体。

园区环境与科技转化，经济进步和发展，在不同历史条件下有不同的表达方式。现代社会文化生活日趋复杂，企业文化也成为企业求生存、谋发展不可或缺的精神动力，由于不同的企业有不同的企业文化，适合它的园区环境设计也有不同的个性要求。新、旧总平面之间环境的共存应相互穿插、相互渗透，既要呈现原企业的发展历程，又要呈现整体的协调性，同时，对某些重点部位、某些重要因素，应反映新功能的需要，应呈现其相对重要性，总平面组合时应使其自身得以强调，以此来反映原企业的进步和发展。

以总平面布置为手段所塑造的园区环境，分析其美学价值，既是城市优美环境的重要组成部分，又是园区社会形象的重要标志。首先，作为城市环境的一部分，它在区位布局、风向布局和环境治理措施方面对城市交通和环境质量有重要影响。其建筑设施的景观质量也影响该地区的整体景观。因此，由于旧工业区的规模普遍较大，对周围环境的影响也很大，与周围环境保持良好的关系非常重要。园区总平面的整合应与周围的建筑环境相协调，形成一个有机的整体；改善该地区的整体环境质量并降低环境影响。其次，园区环境的形成应适应城市规划的要求。创建一个良好的建筑形象，从建筑的形式、色彩、材料、建筑细节甚至建筑规模去探索适合环境的良好因素。在充分展现工业建筑鲜明个性的同时，尽量与周围环境相协调，以成为城市机体中良好的组成部分，如图 4.3 所示。

图 4.3　深圳华侨城东部工业区

因此，环境布置也应该是一个发展的、变化的概念，旧工业区环境的再生，应使其旧的总平面的构成要素与新的总平面构成要素共融，形成一个相互关联的整体，而不是支离破碎的片断，通过新、旧总平面各构成要素之间的协调，再生一个既满足新功能要求，具有整体感，又不失环境美的总平面布置。

(4) 突出人文性原则

一般来说，人们普遍存在着"喜新恋旧"的情感世界，他们喜欢现代化生活的高效率，喜欢由现代化生活要素为主体构成的、具有时代特征的环境，同时，也充满了对过去生产及其工厂环境某些部分的眷恋。也就是说，人在享受现代化生活及现代环境带来的乐趣的同时，也会产生一种对工厂过去历史环境变迁的失落感。

工厂总平面再生改造要适应人们的这种心理特点，要满足人们的这种心理需要，即所谓的"喜新恋旧"的情感。"喜新"就是指人们满足于科学技术的发展和现代社会提供的生产方式及其工作、生活质量，"恋旧"就是所谓的人性中的那种自觉的历史意识。再生利用原有的功能布局，保留一些具有实用价值的历史作品，既节省了转型投资，又满足了人们对工厂历史文化的怀念，更是在科技进步、工艺发展的前景下延伸企业过去的文化。因此，在再生利用过程中，有意识地保留一些工业设施，如反映原企业进步的建筑物和结构，以及工厂生活场景中的一些不可缺少的环节。例如，运输走廊、工厂水域、主厂房等，将企业的发展和现代化特征联系起来，使人们能够与新的园区环境产生共鸣。如图 4.4、图 4.5 所示。

合理整合新、旧功能的各种构成要素，一方面利用原有的地形、水体、风向等自然环境特性，尽量减少其改造，降低其对周围环境造成的不良影响，使其切合地形而融于环境；另一方面，在园区内部，充分利用绿地美化布局，丰富视野，营造良好的生产生活环境。从而反映了当代文明对人们的关注，提高了人们的生产效率和工作积极性，国内外许多现代公园已成为这方面的典范，为企业创造了更大的整体综合效益。

图 4.4　北京 798 工厂内部的标语口号

图 4.5　沈阳市铁西工业区引导交通的铁轨

4.1.2　功能置换的作用

（1）旧工业区功能置换与经济发展

旧工业区功能置换最重要的目标是提高区域经济效益，通过调整产业结构，实现区域经济效益的提高。产业结构的发展在工业化发展的不同阶段呈现出不同的趋势，具有一定的规律性。产业布局与土地利用布局密切相关。从城市发展规律的角度来看，城市旧工业区的功能置换与城市产业布局的调整是一致的。一般而言，工业用地通常转变为第三产业的商业、金融、咨询、办公和住宅用地。

（2）旧工业区功能置换与社会效益

旧工业区的功能置换与城市社会效益密切相关。为城市居民营造和谐的生活环境，园区环境优美，生活空间安全，生活设施完善，是社会效益的终极目标。因此，一方面，旧工业区的功能置换，扩大了居住面积，优化了建筑质量，改善了居住园区的软环境，改善了居住园区的硬环境；另一方面，在旧工业区功能升级改造的过程中，重点关注了园区的发展。园区的基础设施是为各种经济活动和社会活动的顺利实施而建立的各种设施。这是整个园区存在的必要保证，是园区经济、社会和文化活动的必要条件。这也是园区工业化程度的一个非常重要的具体表现。提高园区公共服务基础设施的质量对于旧工业建筑的再生利用非常重要。因此，在对旧工业区功能置换的过程中，有必要控制园区的发展强度，以减轻对公共基础设施的压力。

（3）旧工业区功能置换与文化建设

重视历史文物和工业遗产的保护，是旧工业建筑再生利用中文化建设方面的具体体现。园区需要形成自己的特色，必须保护历史文化遗产，延续历史背景，挖掘历史文化遗产。对于功能置换的旧工业区的文化建设，工业遗产保留了建筑、生产、工业历史等人文信息，记录了大量宝贵的历史记忆和发展足迹。在旧工业区的功能置换过程中，对于旧工业区的各种工业遗产残余，如旧工业厂房、设备机械和工业区场所等进行工业遗产旅游开发。工业区的各种遗产，保存了无法复制的珍贵文化资源。

（4）旧工业区功能置换与生态环境

城市生态环境效益要求尽量减少生产活动对旧工业区生态系统的破坏。因此，对旧工业区的要求是加速污染严重、土地效率低的工业企业向城外迁移，发展轻工业城市和工业污染较少的城市工业。因此，在旧工业区的功能置换过程中，为了增强城市生态环境效益，营造美好的生活环境，必须加强城市绿化，并改善空气和水环境，如图4.6所示。

图4.6　中山歧江公园整体鸟瞰

4.1.3　功能置换的管理

（1）置换的价值选择

①置换的显性价值

显性价值指置换后即可通过直接或间接经济收益体现的外在价值。厂房首先是为了满足生产生活的需要而存在，与其他普通同类建筑一样，具有作为商品的经济特性。显性价值受区位价值的影响，经济价值在商业置换后往往会大幅提高，将厂房置换为创意园区等的收益便是显性价值的体现。显性价值还体现在对周边区域的影响上，在某一旧工业区域功能置换完成之后，其周边地区的房价也往往大幅提升，刺激区域旅游业发展和税收增长。

②置换的隐性价值

隐性价值指置换后不能即刻通过具体经济方式体现的内在价值。旧工业建筑原有的历史、艺术和科学价值都是隐性价值的体现，同显性价值一起转移到新功能体中。隐性价值还体现在对政府政策的推动方面，西方国家旧工业区拆迁后阶层失衡的问题可在置换后通过混合居住等方式得到缓和，对于旧工业建筑的公益化利用也可丰富市民的文化生活，节省新建成本。隐性价值也受置换后功能的影响，可以为园区的传统氛围注入新的文化气息。

③显性价值与隐性价值的平衡

显性价值和隐形价值并非固定不变，而是随着时间不断的互相转化。由于旧工业建筑特殊的传统背景、建造历史及与周边建筑的异质性，满足了某些人群的审美或经营需求，使其愿意支付部分额外的费用，因此这部分隐性价值也就转化为了显性价值，这种对隐形价值的开发也成为功能置换的新趋势。

（2）功能置换的导向

"换成什么"的问题决定了园区功能置换将采取的手法，是置换能否成功的核心。从置换方向出发，可以分为两个方向：公共利益和商业利益。公共利益取向的置换主要是隐性价值的挖掘，商业利益取向的置换更多地关注显性价值的最大化。

①以公共利益为导向的置换

建筑是文化的载体，工业建筑体现着地区独特的精神元素，蕴含丰富的文化价值。具有工业感的建筑结构和装饰，往往能唤起人们对于工业文化的向往，营造与众不同的艺术氛围。

现阶段很多地区将大量工业建筑置换为博物馆、展览馆或各级公共服务性办公场所，如图 4.7、图 4.8 所示，就是工业建筑公益化的体现。产业性工业建筑空间开敞，周边场地可满足布展的弹性需要，在政府的区域发展规划中常作为公益展示，刺激区块的经济转型和旅游发展。此类功能置换多以政府为主导，以公益文化教育和区域旅游开发为主要目的，依托旧工业区项目带动，对原建筑改造程度小，能较好地保存建筑原貌；通过政府财政补贴维持经营，其资金来源较为单一，多取自各级政府财政收入和专项基金。

图 4.7　上海当代艺术馆

图 4.8　重庆工业文化博览园

②以商业利益为导向的置换

旧工业建筑具有很高的商业价值，因为旧工业建筑大多位于城市边缘。近年来，人们对探索城市深厚文化和生活条件的热情带来了工业旅游的蓬勃发展。对于面积小、空间紧凑的密集旧工业建筑，可以通过适度的结构设备更新，以低廉的价格和丰富的文化内涵吸引小型文化公司，形成一个结合文化居住功能的办公室模式。商业功能的置换由于对商业空间的需求，对原有的建筑改造往往很大，需要各级管理部门的监督。资金来源主要由置换单位自行解决，资金缺乏稳定，可通过长期经营合同进行保障，如图4.9、图4.10所示。

图 4.9　美国纽约 SOHO 区

图 4.10　南昌一九二七餐饮娱乐综合体

③混合式的置换

混合置换由两种形式组成。一种是混合形式，其中置换包含公共和商业元素，这反映在公共福利的置换上就是，公共福利通常通过开设临时商业展览或部分租赁来引入商业元素，从而使资金来源多样化。另一种是在保留某些原始功能的基础上部分地进行商业置换，即原始功能与业务混合的形式，这种类型的更换保持了工厂的生活气氛，并且转换成本低，适用于高密度工业住宅建筑。

4.2　道路交通的布置

4.2.1　理念及原则

（1）道路交通规划的理念

1）交通便捷

旧工业区的复兴与改善需要建立在机动性与可达性的改善上，受路网结构和容量限制，其机动化途径需要以公共交通为主体。目前居民出行方式已经表现出多样化的态势，旧工业区要吸引更多的人前往，必须首先建立一个方便、快捷、具有竞争力的公共交通网络，在旧工业区建立公共交通站点。一方面能吸引大部分选择公共交通出行的居民流动，另一方面要通过政策调控、需求管理、经济杠杆等手段，使旧工业区周边的交通网络进入一个良性循环。

旧工业区的交通组织应该做到出入旧工业区时能够在合理的时间内选择方便的交通

工具和线路。公共交通应科学安排发车线路和发车频率，减少使用者的等待时间，提高运行速度。

2）分流明确

旧工业区的用地比较紧张，建筑排列比较密集，机动车、非机动车和行人之间的相互干扰较大，可以考虑在园区风貌核心地区实行人车分流，鼓励慢行和步行交通。通过合理分流，减少人机之间的相互干扰，既能提高机动车通行能力又能保障行人安全。对有历史价值的地段道路原则上不做拓宽，不鼓励过多地使用机动车，可以在尊重厂区原貌的基础上对其进行修复更新，合理规划慢行道与人行道，做到二者和谐共存。例如在风貌核心区建立以自行车租赁为主，结合外围公交站点的慢行交通模式，衔接好公共交通和慢行交通之间的换乘。

3）经济环保

旧工业区道路交通改造的最终目标是实现园区的良性发展。因此，有必要引进绿色环保的交通设施，远离城市的喧嚣，净化旧工业区的生态环境，为居民和游客营造一个清新怡人的环境。

（2）道路交通规划的原则

原厂区既有工业建筑的道路网络较为密集，但缺乏系统性，多种交通方式交织在一起，道路功能混杂，机动车与非机动车和行人之间没有有效隔离。因此，旧工业区的道路规划应按照"快慢分离、动静分区"的原则进行。具体来说包括以下几方面：

1）充分尊重既有道路的肌理

交通改善尽可能利用现有道路，适应人们的交通习惯和识别要求，并通过分析道路状况发现存在的问题，结合旧工业区的发展与道路系统的需求，提出规划策略。

旧工业区的交通资源和街道空间是历史遗迹的重要组成部分。如果真的有必要改变，应该事先充分展示并调整，而不破坏园区的整体特征。保持传统道路宽度的一个重要原因是它记录了过去工业生产的生活方式和空间格局。而不是现代交通发展的产物，街道上的绿化、墙壁、道路和水面都是保护的要素。

2）理顺基本关系，优化道路网络

建筑空间的作用是为人们提供一个活动的地方，活动的关键是调动人们的积极性。从道路交通规划的角度来看，旧工业区的交通再生应注重满足人们交通需求的多样性。由于旧工业区的新、旧建筑，工业和民用建筑融为一体，功能混杂，道路质地丰富，这意味着旧工业区的交通需求多样化。私家车、慢行和步行交通，不同的旅行团有不同的旅行目的和旅行方式，旅行路线的选择也不同。应充分考虑通往主要道路网的支路功能，注意避免对园区主干道的过度影响。

另外，在旧工业区改造过程中，必须注意维护公共利益，避免因开发商追求利润而丧失公共利益。因此，道路交通规划的目标和过程应反映社会公平，开辟各种渠道，鼓励群众积极参与，有效结合政府制定的政策和群众需求的建议。

3）提高道路网络的适应性，促进旧工业区的可持续发展

旧工业区交通规划可持续发展的原则也可以理解为动态性原则。也就是说，园区的交通规划不是一蹴而就的，而是随着时代的进步而不断前进。在旧工业区的道路交通规划中，有必要提高道路系统的适应性，以满足未来发展的需要。在创建的可行性和易于转换方面进行动态灵活的设计。

短期内在园区内很难形成良好的交通规划，虽然有一些特殊的法律规定园区的总体规划方案不能擅自修改，但一些地方的园区随意规划现象仍然并不少见，不仅造成了巨大的资源浪费，还造成了园区规划的无计划和无序状态。

4）注重整体协调性

整体协调的原则有两个含义。一是旧工业区内部道路规划应与园区整体景观相协调；二是作为城市的一个特殊区域，旧工业区不仅要融入城市发展框架，还要保持其传统特色，如图 4.11 所示。

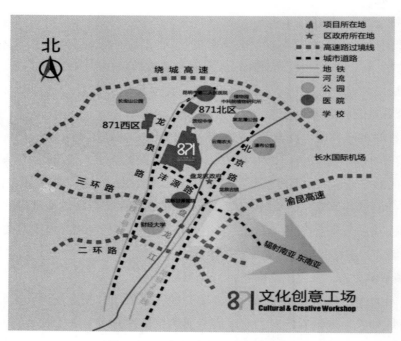

图 4.11　文化创意工场交通规划图

4.2.2　交通结构的改善

改善旧工业区交通结构的目的是从宏观层面考虑旧工业区的交通状况，改善旧工业区的交通框架，并将其与城市整体交通网络连接起来。由于其自身的局限性，旧工业区的过境交通比例低于中心城市。在一些受到严格保护的旧工业区，内部道路狭窄，道路

网络水平不清晰,园区内的道路网络容易形成交通屏蔽。对于旧工业区的机动车交通需求,建议采取"外围疏解,内部调控"的措施。

(1)改善周围主干道,形成交通保护环,限制园区内的机动车数量

改善旧工业区周边道路交通状况,建立引水系统,优化路网结构。缓解旧工业区交通道路的压力,引导机动车选择周边道路。例如,取消路边停车位以增加公路的宽度;缩短道路交叉口的主要交通流方向的红灯时间,延长放行时间。对于没有过境交通的旧工业区,在完善周边环线的基础上,应采取一定措施控制进入园区的车辆数量。在道路入口处设置限制屏障,并且主入口和出口采用限时放行方法,减少园区内的交通拥堵,净化园区环境。

(2)设立单行线,发展单向交通

长期以来,双向交通道路阻塞严重,许多国家和地区都认识到可以使用单向交通来解决园区的道路拥堵问题。当在加宽道路时难以在两侧保留重要的工业建筑物或设备,或者当停车问题无法解决时,可以使用单向交通来增加道路的容量。沿路保留重要建筑物和绿化带。单向交通不仅是单车道的单向行驶,而且多车道也可用于单向行驶,可用于支路或干。单向交通的实施必须与道路网络系统和道路交通系统相协调,为城市交通系统提供良性循环。单向交通组织有三种实施方式:

1)曼哈顿模式:大规模、长距离区域单向交通方式

该模式要求道路网络为规则网格,道路网络密度高。使用高密度网格组织来组织长距离、大规模的单向交通不仅有利于减少环形交叉口,而且易于识别,如图 4.12 所示。

2)伦敦模式:以地块内部支路单行为主的模式

这种模式往往是由于园区内的公路网不规则,大多是自由形式的布局。土地被主干道分成了许多较大的园区。因此,其单向交通主要由内部分支机构主导,主要解决内部微循环交通组织,改善交通秩序,提高效率,并为路边停车创造条件,如图 4.13 所示。

3)新加坡模式:干路与支路单行相结合的模式

该模式的路网布局在上述两者之间,主干道系统相对发达,路边布局相对规则,高密度分支系统也可用。因此,根据土地利用和交通流量的特点,可以利用一些主干道和支路的单向交通。如图 4.14 所示。

　　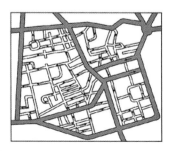

图 4.12　"曼哈顿模式"示意图　　图 4.13　"伦敦模式"示意图　　图 4.14　"新加坡模式"示意图

旧工业区内部支路的密度较大，园区道路宽度较窄，大部分为不规则网格，分支系统发达，连接性更好。

但是，旧工业区的单向交通组织需要在早期充分讨论。因为旧工业区受路网条件的限制，单向路线之间通常缺乏有效的联系，因此难以实现单向运输系统的整体效益。此外，国外经验表明，随着城市化进一步深化，单靠交通组织难以对旧工业区的长期交通问题产生重大影响。

（3）开发建设地下空间

针对旧工业区土地利用和道路功能不协调的问题，可以通过开辟地下空间来缓解交通压力。引入主要交通流入地面，在地面上设置完全行人交通空间，提高交通设施的运营效率。地下空间开辟的方式有两种：轨道线和地下机动车道路可以单独设置或组合设置。经过充分论证后，旧工业区的道路交通一方面被引入地下，以满足城市交通发展的需要，另一方面减少了机动车对旧工业区的干扰。

充分利用现有的停车资源，建立地上 + 地下停车模式，并将停车系统与步行、轨道交通和定期公共交通相结合。从过去"人到车到"的传统停车模式向"外部停车 + 步行 /自行车"模式的改变可以有效地缓解旧工业区停车位不足的问题。

4.2.3　道路空间的设计

旧工业区道路空间设计从中观层面考虑旧工业区的交通问题，着重解决园区慢行交通系统的规划问题。

"慢行交通"是指通过步行或自行车等运输人的空间。园区的慢行交通系统包括步行系统和非机动车系统。在正常情况下，慢行交通是一种速度不超过 15 km/h 的交通方式。自行车的速度约为 10km/h，对于短距离出行不到 3km 具有明显的优势。在园区内开发慢行交通系统的好处是：可以提高道路资源利用率，缓解交通压力；慢行交通占用空间资源少，成本低，利用率高，可以穿过园区空间的每个角落；慢行交通也是一种绿色环保的交通方式。

（1）合理划分交通空间，实现与机动车的整合

虽然慢行交通是低碳和环保的交通方式，但慢行交通主要是短途旅行。其使用存在局限性，因此有必要加强慢行和机动车交通之间的联系，同时确保交通缓慢，充分发挥慢行和机动车交通的特点。

对于旧工业区的交通条件，建立"BRT+ 自行车"和"BRT+ 步行"交通换乘系统。在旧工业区主干道或环路上设置新型公交车站，在公交车站入口或地铁站附近设置自行车停车场，实现居民的无缝连接。下车后，居民可以根据目的地的长度自由选择骑自行车或步行进入园区。甚至可以采用"常规公交 + 自行车搭载"车辆整合方式，即适当延长普通公交车，在延长区段设置自行车牵引区，使自行车与公交车无缝连接，使

乘客可以转乘。该模式最大限度地发挥了自行车和公共交通资源的优势，减少了自行车停放点。然而，这种模式的实现仍需要在很多方面进行充分的论证，在短期内难以实现。

（2）改善过境系统，确保过马路的行人安全舒适

行人过街交通是行人交通系统的一部分，连续、良好的人行横道系统有助于提高步行质量。过街系统应与主要工业区主干道、园区广场和步行商业街形成连续的步行空间。连续步行空间有助于提高行人过街设施的利用率，有效解决过街交通问题。行人系统与人行横道相互联系，是不可分割的。

考虑到大多数旧工业区道路狭窄，道路网络密集，过街系统主要包括穿越街道和交叉口的路段。建议旧工业区过街系统采用"地面为主，上下结合"的方法。

对于旧工业区或部分园区内的交通车道路面宽，交通繁忙，或绿灯时间短，不能一次穿越的情况，一方面，可设计二级过街系统，即行人安全岛，改善交通安全，规范机动车驾驶，保证过街行人的安全和舒适；另一方面，合理设计立交桥和地下通道，将传统的单一过街转变为交通、商业、景观、休闲、娱乐等多功能综合交通平台，引导行人通过时更多地选择过街天桥和地下通道。

对于道路宽度较窄的旧工业区内部道路，不适合使用立交桥和地下通道，此时，行人安全过街系统可以通过合理的物理设计完成。

1）若机动车出入口道路穿过园区的步行道路，则将机动车道路抬高至与步行道路齐平，并铺设人行道以保持人行道连续。

2）设置人行道隔离桩或人行道护栏，以规范机动车辆和行人的活动。

3）合理设计道路交叉口的信号灯时间。研究表明，当行人过马路超过 40 秒时，就会有人强行穿越，所以穿越人行横道的等待时间以 40 秒左右最优，而在高峰时期，根据主流方向，可以适当延长行人放行时间。

4）根据国外经验，提高设计道路交叉口处高程的方法可用于提示机动车驾驶员前方为行人优先区域，并提前降低车速。该方法还可以应用于路面狭窄且没有信号灯的路段。此外，应根据需要设置无障碍设施，以确保特殊人员的顺利出行。

（3）优化慢行圈，以改善慢行的乐趣

根据旧工业区周围和内部不同等级的道路，借用现有的道路系统在旧工业区创造一个慢行圈。结合旧工业区的文化因素，在园区内创造慢行道、生态景观慢行道和滨水慢行道。通过不同的铺路、素描、绿化等方式增强趣味性和可识别性，增强园区文化氛围。同时，完善园区功能，满足游客或园区居民的餐饮、购物、娱乐等需求，减少游客或居民的出行距离。鼓励游客或居民选择步行或骑车，以建立一个缓慢和谐的园区。

4.3 环境绿化的表达

4.3.1 绿化的生态意义

绿化植物是生态系统的唯一生产者。在中国古代，景观绿化主要是文人深厚情感的载体。随着城市化的快速发展，生态环境日益恶化，绿化的生态效益逐渐成为人们关注的焦点。旧工业再生园区作为居民或游客活动的一个单元，是居民或游客感到舒适并且逗留时间最长的区域。如何在园区绿化中充分发挥其生态效益，改善居民或游客的户外生活环境，提高整体舒适度，成为园区绿化的首要问题。

（1）增湿降温效益

温度和湿度是人们舒适度的重要指标。园林植物在自身生理活动中的蒸腾作用，以及枝叶的遮阴效应，可以有效地改善旧工业区的环境温度和湿度。通过蒸腾作用，植物不仅可以吸收空气中的热量，还可以将大量的水蒸气排放到大气中。在调节空气湿度的同时，它可以吸收空气中的热量，以达到降低温度的效果。大量的植物枝叶可以在地面上形成一层植物冠层，可以有效地拦截、吸收和反射某些太阳辐射。当太阳辐射到达树叶时，大约20%的能量被叶片反射到大气中，并且通过叶片的热量仅为约10%，其余70%的能量被绿叶吸收，用于生理活动。因此，在园区内配置适量的乔灌草和绿化植物群落是合理的，并在有限的空间内提高园区的绿化率和绿化覆盖率，可以有效地调节园区环境的湿度和温度。

绿色植物的种类、绿地面积、树叶形态和绿化方式都会不同程度地影响园区的温度和湿度。从降温效益上看，乔木＞灌木＞绿篱＞地被；从增湿效益的角度来看，乔木和灌木具有强烈的蒸腾作用，可以有效地加湿。同时，在规划园区绿地时，增加一定的水域面积也可以带来加湿和降温的生态效益，如图4.15～图4.18所示。

图4.15　乔木

图4.16　灌木

图 4.17　绿篱

图 4.18　地被

（2）滞尘降霾效益

随着城市化进程的加快，越来越多的人为因素，如建筑施工、燃煤、工业排放等，造成大量的天然尘埃和空气中不自然形成的尘埃颗粒，给人们的健康带来极大的危害。由于其叶片结构和枝条生长模式，绿色植物可以阻挡和吸附空气中的灰尘和烟雾，并在一定程度上达到减尘和降霾的效果。当尘土飞扬的空气通过绿色植物时，较大的颗粒被叶面阻塞，较小的颗粒被粗糙蓬松或黏液分泌的叶面保留，雨水冲刷后，植物的叶面再次进入减尘和降霾的工作。

滞尘降霾是改善园区内居民或游客环境的重要指标，绿色植物可以在减少灰尘和雾霾方面发挥一定的作用。然而，不同的叶面结构和植物生长模式对减少粉尘和雾霾有不同的影响。单位绿地覆盖区域的减尘和降霾能力为：落叶阔叶灌木 > 常绿阔叶灌木 > 绿篱 > 常绿阔叶乔木 > 针叶乔木 > 草本植物。但是，在园区绿化中，应根据园区的实际情况合理设置绿色植物。目前，理想的栽植方法是"乔—灌—草"复合结构。通过这种模式，单位的绿化覆盖面积能够得到有效提高，相应单位面积的滞尘减霾量也会增加。

（3）减轻噪声效益

噪声污染也是旧工业再生利用项目中的一个突出的环境问题，不仅损害听力，还会诱发各种疾病，并对人们的生活造成一些干扰。绿色植物就像多孔的软质材料，当植物群落足够大时，声波穿过植物层，噪声被植物连续吸收和削弱，从而达到最小化噪声的目的。在降噪的生态效益方面，植物生长模式、叶片粗糙度、种植方法和群落结构都会影响声波的传播，降低噪声的效果也各不相同。

在配置合理的园林绿地中，一般来说，4 ~ 5m 宽的植物群落条带可将噪声降低 5dB。植物群落根据空间分为上层、中层和下层，上层植物主要为落叶树，适当搭配常绿树木，为中间层提供充足的空气和光线，减少高空噪声；作为吸收噪声的主要群落，中层植物主要选择枝繁叶茂，叶片粗糙，分枝多的常绿灌木；较低的植物群落适合选择一些常绿、密集的绿篱或具有大叶的地被植物。声源也是植被种植时要考虑的重要因素。声源距离消音植物越近，降噪效果越好，因此在规划设计时应结合实际情况，合理配置绿地，栽种植物。

（4）净化环境效益

绿色植物在生态环境中起到清除剂的作用，可有效净化环境中的污染物。它不仅可以改善土壤，净化水，还可以吸收空气中的有毒有害气体。臭椿、刺槐、大叶黄杨和松柏等植物可以吸收空气中的 SO_2、Cl_2、HF 和其他有毒有害气体。植物根系可以在一定程度上吸收和分解原工业区土壤和水体中的有害物质，从而达到净化环境的目的。绿色植物在空气污染监测、土壤固结、防砂以及雨水和洪水滞留方面也发挥着极其重要的作用。利用不同植物对污染物的敏感性，可以判断环境污染的范围和程度。在多风和大雨气候中，植物带可以阻挡风和沙，根可以固定土壤和储存水，减少洪水灾害和干旱灾害发生的可能性。

在绿化设计中，应该结合园区的实际情况，根据园区的周围环境合理安排植物。如果园区周围仍有环境污染的工厂，有必要选择抗 SO_2 和 Cl_2 等有害气体或者对其他有毒有害气体十分敏感的植物，如泡桐和大叶黄杨等；对于风沙大的地区，应选择抗风性较强，根系较发达的植物，如榉树和沙棘等，最好选择本土树种；在全年有大量降雨的地区，应选择适应多水环境的植物，如构树和柳树等。

（5）艺术与文化意义

将旧工业区改造成绿色景观不仅改变了一块土地的贫瘠和荒凉，而且还保留了一些工业景观的遗迹。它不仅仅是艺术、生态保护等的使用，最终的目标是通过这些转变寻找解决工业衰退带来的社会和环境问题的出路。从这些园区，我们可以看到我们的社交生活正在经历一次重大变革。告诉机器咆哮的时代，人们需要清洁的水、清新的空气和良好的户外空间。失去活力的旧工业区需要新的产业来刺激经济，而工业景观则更加深入地思考和回答了这些社会问题。

以西雅图煤气厂公园和丹佛污水厂公园为例，一些老旧的工业区被保留下来，创造了一种全新的公园形式，供人们在闲暇时间参观、学习和娱乐。如图 4.19 和图 4.20 所示，可以说这种公园继承了历史上光荣的工业文明，使旧工业区的回收利用融入现代生活，因此旧工业区的更新设计不仅仅是改变其荒凉的外观，它还与人们丰富多彩的现代生活息息相关。

图 4.19　西雅图煤气厂公园

图 4.20　丹佛污水厂公园

随着社会的发展，中国的经济结构正在发生转变，第三产业发展迅速，高新技术产业正在崛起，钢铁和矿业等传统产业正面临挑战，未来将有大量工业用地面临再生利用问题。即使将其转变为园区，也不一定完全按上述方式进行，但它对中国仍有相当大的参考意义。这种再生利用在园区发展中保留了重要的历史痕迹，并通过比较经济学获得了社会和生态的巨大效益。同样，一些新颖的设计技巧和独特的设计理念值得学习，例如有价值的工业景观的保留利用，材料回收，污染的原位处理，生态处理和艺术创作等。此外，这些景观的设计必须注重生态与艺术之间的结合，创造出适应现代社会，具有较高的艺术水准，并融合生态思想和技术的再生利用景观。

4.3.2　绿化的基本原则

（1）以人为本原则

无论园区的绿化环境如何变化，其实质都是为人民服务。在园区内营造良好的绿化环境，确保园区居民或游客良好的身心环境，让居住在园区内的每个人都有归属感，是园区绿化改造的最终目的。因此，在改造中，首先要从园区内居民或游客的需求角度考虑植物对园区的通风、照明、日照和遮阳的影响；其次，从园区当地居民的偏好出发，重点考虑居民需要和使用率高的植物，并在设计中充分论证。但这并不仅仅意味着一味地顺应居民偏好，需要结合园区实际和植物的生长条件去构建人们喜欢的生活环境。

植物景观配置也必须以人为本，使环境服务于人，并具有良好的人文环境场所感。它可以为整个地区的社区交流、儿童娱乐、老年人活动以及管理和安全措施提供充足的条件。在园区的绿色植物配置中，有必要了解园区内不同年龄和文化背景的居民或商人的实际需求，满足居民休闲、娱乐和园区居民自我完善的需要。在园区实际设计中，必须从人的需求出发。如果有大部分居民普遍不喜欢的植物，就要尽量少用；在孩子较多的地区，有必要选择一些无毒、无刺、无异味的树木；在拥有大量老年人的地区，有必要选择一些味道清淡，对健康有益的树种。

（2）因地制宜原则

园区的绿化再生利用与其他绿化建设项目不同，它是在园区现有绿化的基础上进行的。因此，在再生利用时，应适应当地条件，充分利用园区原有的景观特征，并结合园区的绿化分布，在保留园区原有绿化的基础上，尝试翻新园区的绿化。若园区的景观布局合理，只是管理不善或树种配置不合理时，才需要补植、改植、增植；如果景观布局本身不合理或无法发挥其效益，则需要对其进行整体改造。改造过程需要结合园区工业建筑的特点及布局进行设计，并保留旧工业区原有的独特景观，如古树和厂区设备等。

在植物配置中，首先要根据当地条件调整植物生长特性，结合园区的生态环境和气候条件，尝试利用本土树种。其次，根据园区的现状，适当调查园区的通风、照明、建筑布局和绿化状况，尽可能在保留园区原有植物的基础上增加、减少或改变配置形式。

（3）安全性与生态性原则

园区的户外空间是游客观赏和游览时间最长的地方，也是老人和孩子休息和娱乐的主要区域。园区内的安全问题始终是居民最关心的问题。园区绿化的设计必须把人的安全放在第一位，如视线安全、植物安全和景观安全。视线安全是要求儿童在园区内的活动区域，以确保时刻在家长的视线范围内，绿篱不能太高，植物种植密度不宜过大，确保成年人可以随时关注孩子，并且孩子可以找到回家的路。植物安全要求栽植的植物无毒、无污染、无刺激性和过敏性。景观小品的安全要求园区内的景观要坚固、安全、角落应尽可能平滑，没有尖角或尖锐的凸起。总之，在绿化设计中，每一步都必须首先从安全的角度出发，然后考虑景观的丰富性，使每个设计都能经受住安全性的审查。

在植物种类的配置中，应优先考虑植被的生态特性。绿地在维护园区生态平衡，改善园区生态环境方面发挥着不可替代的作用。作为唯一具有净化能力的公共设施，园区的绿化是居民舒适、安心和幸福的重要保障。良好园区内的植物群落应以改善园区生态环境和改善居民生活质量为基础，合理密植，协调树种之间的比例，如本土树种和外来树种、常绿与落叶的比例。在充分认识植物生态效益的前提下，合理配置园区植物，进行园林绿化造景。它将在园区内形成独特的生态空间，实现隐蔽、降噪、除尘和保健等生态效应。

（4）多样性原则

一区一景，区移景异，园区的绿化应有自己的特点。每个园区应根据其独特的文化内涵、地方风格和功能需求选择绿化植物。多样性是选用不同的植物组合来反映每个园区的不同区域特征，多样性分为植物多样性和景观多样性。植物多样性需要选用尽可能多的不同类型的植物来丰富园区内的植物群落；景观多样性需要结合季节变化，利用植物自身特征，如花卉、果实、茎和整体形状等，创造出丰富而层次明确的植物群落。

"春意早临花争艳，夏季浓荫好乘凉，秋季多变看叶果，冬季苍翠不萧条。"这首诗指出了季节性变化对植物多样性的影响以及园区植物分配的基本要求，即"三季有花，四季常绿"。在植物配置设计中，要结合园区的实际情况，充分利用植物多样性和景观多样性，优化园区植物群落，丰富景观水平。例如，在展览馆和博物馆的植物区域，使用一些冷色调，可以突出显示庄严和肃穆的植物，并采用对植、列植等常规方式配置；艺术气息丰富的园区适合种植各种花色和不同叶色的植物，并采用混合种植方法配置；对于以老年人为导向的园区，有必要配置一些具有净化空气并散发香味的植物，并以自然方式配置。同时，应从安全角度考虑植物栽培和修剪方法，如图 4.21 所示。

（5）见缝插绿原则

见缝插绿是指在有限的空间内创造无限的绿色空间。有限的户外空间是旧工业园区的常见问题，如三角地带、停车场、墙壁、围栏、阳台、屋顶等。地面绿化、墙面绿化、阳台绿化、屋顶绿化等可用于提高社区的绿化率，如表 4.1 所示。非机密的工业园区也可以通过拆除不必要墙体后透出的绿色来增加园区的绿量。努力创造屋外有景，绿墙林立，百花争艳的绿色乐居园区。

图 4.21　南昌 699 创意产业园内森林

不同形式的绿化方式及要求　　　　　　　　　　　　　　　　　表 4.1

序号	绿化方式	植物要求	种植面要求	适宜植物
1	屋顶绿化	耐旱、耐热、耐寒、耐强光照射、抗强风和少病虫害的浅根系植物，以灌木、地被为主	必须考虑屋顶承重、排水等问题，必须符合相关条件	大叶黄杨、小叶女贞、平枝荀子、鸢尾、白三叶、五叶地锦、沙地柏、景天类植物等
2	墙体绿化	生长迅速，攀爬能力强，少病虫害的藤本植物	分为有骨架和无骨架两种，有骨架绿化必须考虑墙体承重	爬山虎、蛇葡萄、薜荔、常春藤、扶芳藤、藤本月季、蔷薇、凌霄、油麻藤等
3	阳台绿化	抗逆性较强，生长健旺，栽培简易，抗污染能力强，具有较高观赏价值的草本或矮化木本为主	阳台面上必须有防水处理，除此之外根据绿化形式，考虑承重及排水	茉莉、栀子、石榴、贴梗海棠、红掌、四季海棠、蟹爪兰、常春藤、吊兰、龟背竹、桂花等
4	地面绿化	耐寒、抗强风、少病虫害等，无毒、无污染、无刺激性气味，符合北方气候要求的植物均可使用	只需满足植物生长所需要的土壤厚度，都可以进行	乔灌草皆适宜，乔木有银杏、中槐、樱花等；灌木有贴梗海棠、榆叶梅、连翘等；草本有鸢尾、玉簪、女贞类等

在园区绿植的配置中，有必要充分探索有效空间，合理配置植被，最大化旧工业园区的绿化率。在植物层次配置上，可以使用四层复合结构乔—灌—草—地被，并与藤本植物结合。充分考虑光对植物的影响，并将喜阳与背阴植物结合起来。在绿化的形式方面，可以采用如地面绿化、墙面绿化、屋顶绿化和阳台绿化等形式，可以充分利用园区的户外有效空间。

4.3.3 绿地改造方法

根据园区的规模和实际情况，绿地一般分为公共绿地、厂旁绿地、道路绿化、附属绿地和园区外围绿地。不同的绿色空间由于其不同的功能而具有不同的设计方法。在设计中，应充分结合实际情况，并加以利用。

（1）公共绿地

园区内的公共绿地主要是为了满足游客的娱乐、运动、休息以及园区环境建设的集中绿地。在规划设计中，有必要将园区的自然地形、绿地的分布和居住区的分布完全结合起来，并且可以采用规则布局、自然布局或两者的结合。在景观设计中，应该使用多层植物来创造丰富的景观。建议使用安全、无毒、无刺且无异味的绿色植物。

（2）厂旁绿地

工厂旁边的绿地主要是指旧工业建筑前后分布的绿地，通常以观赏为主。工厂旁边的绿地是游客或顾客进出的必经之地。其绿化规划设计受到建筑物布局、建筑物间距、建筑物高度和方向的影响，也是旧工业园区绿化的重要区域。布局形式通常根据建筑物的形式确定，并且主要是长条形条带，很少为点状和混合式。在设计景观时，有必要充分考虑周围环境，美化空间，降低噪声，减少灰尘，并确保房间充足的光线。不同的布局形式，绿地设计也各不相同：

1）独立的庭院，可以规划旧工业厂房前后的大空间。它可以适当地装饰池水、草坪和石头，以追求舒适和轻松的目的。

2）低层连续车间、房屋前方空间充足，可自行设计，种植观赏植物、果树和蔬菜。

3）大型厂房，一般建筑间距大，空间相对开阔。适合设计公共绿地。在规划和设计时，可以适当增加座椅，利用植物创造小空间，以满足游客休息、与儿童一起玩耍、夏天乘凉和冬天沐浴阳光的需求。

（3）道路绿地

园区道路通常用作服务交通，分隔园区的每个区域，并连接每个绿地。道路绿化主要以树木为主，占地面积小，遮阴效果好，也可以调节建筑物的通风。道路绿化一般分为主要道路绿地、次生干道绿地、小路绿地和园林道路绿地。在规划和设计中，有必要根据道路的类型和宽度以及周围区域的整体绿色形式进行规划。一般来说，主要道路旁边的绿地可以与园区绿地的整体规划相结合。在路边种植草坪时，应选择耐践踏，适应性强，具有一定观赏性的植物。当道路靠近居民区时，应考虑住宅区的照明和通风效果，并可种植一些灌木和花卉。在道路交叉处,必须确保视线透明并且不影响行人车辆的安全。

（4）附属绿地

园区内的附属绿地一般是指园区内公共建筑的绿地。如果园区内有幼儿园，幼儿园周围的绿地规划和设计需要根据孩子的视线来掌握，这有利于儿童的身心发展，避免出现安全隐患。应该布置有鲜艳色彩和丰富景观的植物，以反映孩子活泼和愉快的性格。

避免使用有毒、有刺、有气味的植物，并尽量少用结果实的植物。停车场是园区不可或缺的配套设施，在旧工业园区更为常见。停车场的绿地设计应符合场所排水设施的要求。在上层，尝试选择一些树枝高度高、树冠大、无污染、耐旱和耐涝的本土树种。中间层选用一些常绿、抗有毒气体、抗病虫害的树篱或小灌木。下层采用镶嵌砖，并栽植能够抵抗践踏的具有强大生命力的草。最终实现绿地环绕和交通流畅的目标。

（5）园区外围绿地

园区周围的绿地通常是园区过渡到市区的区域，将外界环境中的噪声、灰尘和污染等与园区进行隔离。在规划和设计时，必须与园区的周围环境相结合。在与公共景观统一的前提下，考虑除噪声、降灰尘和去污染的功能，同时兼顾旧厂房的特点和功能。如果园区临街面是工厂的正面，绿色可以以小花园的形式安排，供居民休息和娱乐；如果园区临街面是工厂的背面，可以安排为林带或自然景观。在植物配置中，城市区域或生态条件相对较好的区域可以自然配置，合理匹配乔木、灌木和草地，建设具有丰富层次的绿化景观。乔木可以使用银杏、香樟等，灌木可以配备海棠、碧桃和樱树等植物，地被可采用红花酢浆草、白三叶等，绿篱可采用金叶女贞、红叶石楠、海桐等；靠近污染区域的园区应选择抗污染的本土树种密植，一般 5 ～ 7 排；在被风沙侵蚀的地区，应选择叶大抗风，根系发达的深根植物，并增加种植密度。

4.3.4 景观设计手法

从成功的旧工业区景观设计实践中，我们可以总结出通过景观设计改造旧工业区的手法。但这并不意味着必须以同样的方式更新所有旧工业区。由于厂区受到工业生产的破坏或污染，旧工业区的景观设计往往比一般景观设计复杂得多。设计和实施过程主要面临以下问题。

（1）旧工业建筑、构筑物和工业设施的处理

在这些园区中，景观设计基于对工业景观的继承，而对场地上原始工业景观的处理是设计的重要部分。这里的工业景观是指废弃的工业建筑、构筑物、机械设备以及与工业生产相关的运输和储存等设施。通常有三种方法可以保护现场的工业景观。

一是整体保留。整体保留是完整保留原工厂，包括旧工业建（构）筑物和设备，以及工厂的道路系统和功能区域。在再生利用后的园区，可以感知以前工业生产的完整工艺操作流程。

二是部分保留。留下旧工业景观的一部分，使其成为园区的标志性景观。保留的片段可以是代表工厂特征的工业景观，也可以是具有历史价值的工业建筑，还可以是质量较好的旧建筑，只需要妥善修理和加固。

三是构件保留。保留建筑物、构筑物、设施或结构的一部分，例如墙壁、基础、框架、桁架和其他组件。通过这些组件，可以看到旧工业景观的线索，引起人们的联想和记忆。

保存完好的旧工业建（构）筑物或设施可以在现场加工成雕塑，仅强调视觉上的标志性效果，而不赋予它们使用上的功能。但是，在大多数情况下，老旧的工厂设施在修理和再生后可以重复使用。它们的再利用有以下途径：

1）利用工业景观的外观结构，工业景观本身的结构可以很容易地转化为园区的结构。运输的铁路是一个线性系统，连接工厂的各个生产节点，很容易保留并转变为贯穿整个园区的行人系统；对高炉进行处理之后可以是一个很好的攀爬设施；四面环绕的储物箱可以安排在一个特殊的小花园里；建筑物的框架可以用作攀爬植物的支撑；建筑物的基础可以用作蓄水池等。

2）旧工业建筑可以在预留空间形式的基础上转变为音乐厅、剧院、博物馆、展览馆、酒店、办公室和其他娱乐或文化建筑。

3）原来工厂中一些设备是可以重新使用的。有时，由于条件限制或设计要求，旧工业区的某些结构或设施被移除，移除的组件或工业符号可以重新组合而形成新的建筑物、雕塑和其他景观。

精美的现代艺术为处理旧工业区的工业场景提供了新的思路。工业建（构）筑物和设施机械可以是创作的材料，工业符号也可以是艺术创作中使用的主题语言。

在旧工业建筑的再生利用中，一些作品大胆运用生动的色彩来强调工业景观，使其脱颖而出，引人注目，将破败的工业用地变为色彩斑斓的世界。一方面，旧工业区场地上分散的工业景观可以通过颜色统一；另一方面，根据人们的心理，颜色处理用于表达特定的主题，同时，颜色可用于指示不同区域。一些工业部件通过诸如扭曲、变形、碰撞、突变、隆起、坍塌、断裂和历史场景再现等戏剧性处理带来了新颖的幽默效果。

（2）地表痕迹的处理

工业生产在自然界中留下了痕迹，而这些独特的表面痕迹可以保留下来，成为代表其历史文化的景观，也可以基于工业区的地表痕迹来进行艺术加工。旧工业区是一些艺术家喜欢创作艺术的地方，而这些地区的景观价值也随着艺术家们的艺术创作而得提升。

（3）废料利用和污染处理

现场的废料包括未使用的工业材料、残余砖瓦和不再使用的原料以及工业生产的废料等。有些废料不对环境造成污染，可在现场使用或加工；有些废料是污染环境的，这样的废料需要经过技术处理之后才能够使用。在废料和污染处理中，原则是采取当地材料并在现场消化。污染严重时，应清理污染源，运出污染物。

1）废弃材料的再利用

材料的再利用体现了生态原则。从某种意义上说，旧工业区的废料也是一种可以再生利用的资源，可以通过两种方式再利用。一是在当地采购材料，使工业废料成为独特的景观设计材料。二是对废弃物二次加工后再利用，使用后无法看到废弃物的原始形状。

例如，将钢板熔化并浇铸到其他设施中，将废弃的砖块和石头磨碎用于混凝土的制备，建筑拆除后的瓦砾用作场地的地面填充材料等。

2）艺术生成

波普艺术和达达艺术的非传统材料，鲜艳的色彩和戏剧性的形式，以及材料的拆解和重构，为景观设计提供了新的审美标准。废车、垃圾等也可以成为艺术创作的材料；小品雕塑用废品和废弃物创造，表达了旧工业建筑的再利用概念，这两者都有些戏剧化。与此同时，极简主义艺术、大地艺术或其他艺术潮流也尝试过应用工业材料。因此，在景观设计中，艺术化处理已成为处理工业废料的重要途径，其思想和构图法丰富了旧工业景观的设计词汇。如图 4.22、图 4.23 所示。

图 4.22　德国艺术中心陈列的工业半成品

图 4.23　厂区内的路灯

3）艺术展现生态过程

旧工业区再生过程是艺术再生和生态再生之间的交叉融合，通过艺术展现旧工业区生态过程的更新，结合了艺术思想和生态学的原则。首先，对于受到工业污染的既有土地、水和废弃物等生态因子，可培育能适应这些生态因子的植物。其次，将污染处理系统作为厂区景观的一部分，通过生态学原理对厂区景观进行再生，如人工湿地污水处理系统等。

4）生态技术的运用

在旧工业区污染控制的情况下，工业水道将转变为河流自然再生的天然河道。可以提高抗洪能力，补充地下水源，为野生动物创造栖息地和活动走廊。利用生物疗法修复污染土壤，增加土壤腐殖质，增加微生物活性，植物植被可吸收有毒物质，逐步改善土壤条件。例如，在德国环形公园中，在采矿区域使用红苜蓿来增加土壤肥力，并且栽植芥菜以吸收土壤中的污染物。生态技术还包括利用植物、动物或微生物活动处理污水的技术，通过景观设计，收集雨水，处理并循环再利用等技术。德国环状公园如图4.24所示。

图4.24　德国环状公园

5）感受技术处理过程

在景观设计中，不排除传统的污染技术处理，但不再隐藏或排斥那些复杂的处理设施，它们成为景观的一个组成部分，增加了人们对污染治理和景观体验的理解。在环形公园中，监测井内的处理设施被放置在玻璃室中，在那里可以看到监测和处理污染物的整个过程。这种景观使人们直接面对人类工业活动引起的环境问题，是经历技术改造的过程。

（4）植物景观设计

在植物景观设计之前，有必要对旧工业区的土壤条件进行分析和测试，以便选择相应的对策。通常的做法是置换受污染的土壤，或覆盖土壤以恢复植被，或完全处理土壤。例如在废渣上面覆土，再栽种植物。这种传统方法是必要的，但景观设计师根据工业区的实际情况有不同的方法。

1）植被的自然再生

自然再生植被是物种竞争和适应环境的结果。因此，在旧的工业景观设计中，设计师尊重自然再生的过程，保护场地的野生植物，并从传统的园区中创造出不同的景观特征。

在严重污染的极端贫瘠地区，或者受破坏的生态系统不可逆转情况下，需要人为干预。主要是增加土壤腐殖质，改善其营养状况，促进植被的自然更新。如果生态平衡是可逆的，可以保护场地以减少外部压力并使植被自然恢复。

2）种植特殊介质或种植改良土壤的植物

在大千植物王国，许多特殊植物可以适应恶劣的环境，如旱地、盐碱土壤、含有重金属离子或矿渣的土壤。在经过再生利用的园区中，这些植物可以成为建造花园或创造自然荒野景观的好材料。有些植物还可以吸收污水或土壤中的有害物质，可以用来处理污染问题。还有的植物可以检测环境的变化，可以用来建造景观和辅助科学研究。

4.4　网络系统的设计

4.4.1　给水排水系统设计

旧工业建筑再利用的土地利用现状普遍较为混乱，建筑密度高，且容积率较低，道路网络系统不完善，地坪标高低于周围城市道路。原有的给水排水工程设施相对落后，不能满足规划要求。需对现有管道再生利用、增加部分设施、进行竖向设计等措施，从而建立一个安全、高效、完善的给水排水系统。

（1）给水管网系统改造

1）管网布局改造

旧工业建筑再生利用项目主要以旧工业建筑为基础。而既有给水管网一方面管径较小，另一方面其给水机制主要以枝状管网为主。为了提高规划区域的用水安全，规划供水管网应设置为环网或连接城镇供水管，形成环网。环形供水管网应采用"双管进水"，即与城镇供水管的连接管不应少于两个。

2）管道设计流量的确定

设计供水管的流量是确定供水管网管径的主要依据。旧工业建筑物再生利用项目不仅因为开发建设强度的提高而加速了人口增长，而且与工业企业人口相比，也增加了单位人口的生活配额。因此，总计划用水量将大大提高，管道设计流量也将相应增加。考虑到大多数旧工业建筑再生利用项目的土地利用规模很小，如果仍然使用最高的每日最大用水量作为管道设计流程，管径计算的结果太小，无法满足规划区域的用水需求。因此，当旧工业建筑物再生利用项目规模很小时，应根据《建筑给水排水设计规范》中住宅供水管设计流量的计算方法确定规划供水管径。根据《城市居住区规划设计规范》，人口为1 ～ 15000 的居民区被称为住宅区。因此，当旧工业建筑物再生利用项目的规划人口不超过 15000 人时，计划供水管径应参考住宅社区的管道设计流量计算方法。根据《建筑给水排水设计规范》，"住宅区室外供水管道的设计流量应根据管道段服务人员数量，水量配额和卫生器具设置标准等因素确定。"此时，不同的用水者将使用不同的计算方法来获得管道设计流量。此外，对于规划人口不超过 15000 人的住宅社区，使用户外生活和消防合用的供水管道，管道设计流量应叠加火灾的最大消防流量（应扣除有消防储水和专用消防管道供水的部分）。

3）用水压力

由于旧工业建筑再生利用项目主要为中强区和高强区，原有的用水强度大大提高。建（构）筑物的高度从原来的低层和多层改为中层和高层。市政供水管网的水量和水压只能满足多层建筑和室外低压消防供水系统的生活用水要求，不能满足高层建筑生活和消防用水的要求，因此规划还应根据建筑物的高度，配置相应的供水泵站，以满足用户的生活用水要求和消防用水要求。

（2）排水管网系统改造

1）排水体制的选择

由于旧工业建筑物再生利用项目一般是土地和建筑物的全面更新，因此改造项目根据分流制进行控制。这将有助于在未来的城市更新中再利用排水系统，实现从建筑物内部到市政排水系统的完全分流。

2）雨水工程规划研究

雨水管道规划根据道路系统的规划调整管道的方向，根据调整的集水区域、雨水的地面类型重新确定管道的管道直径、坡度和设计标高。①集水区的面积应完全纳入规划区范围，并适当扩大，以避免由于排水能力不足或周围排水系统淤积而导致规划区域的排水不畅。②旧工业建筑物再生利用项目实施后，规划区的地面形式和地面种类构成将在改造前发生重大变化。规划应结合地块的垂直设计和规划的绿化率，合理确定地面集水时间和径流系数。③在旧工业建筑物再生利用之前，还应改善雨水管网的设计重现期。

3）污水工程规划研究

由于旧工业建筑再生利用项目的现状，基本采用联合排水系统。考虑到长期城市排水系统将逐步过渡到分流制，合流制将转变为分流制，因此旧工业建筑再生利用项目下水道网络应设计成与已经规划、可行性研究或初步设计的市政下水道相互连接。对于人口少于15000的旧工业建筑的再生利用项目规划，污水设计流量应与供水系统的设计流量相对应。

4.4.2　电力系统设计

不同旧工业园区负荷分布情况差别很大，区域电力系统向园区供电的经济合理范围应通过技术经济比较的方法确定，并应主要考虑以下方面：①原厂区电力系统现状与规划，与园区电力负荷中心的距离、建设投资和运行费用以及网损率等；②园区及周边建小型电站的条件与经济合理性。

（1）用电负荷等级

由于生产性质或使用场合的不同，同一园区内的不同用户或同一用户内的不同设备对供电可靠性的要求是不同的。可靠性即根据用电负荷的性质和突然中断其供电在政治或经济上造成损失或影响的程度对用电设备提出的不允许中断供电的要求。供电电源首先应满足用电负荷的特定要求。

按照用电负荷对供电可靠性的要求，即中断供电对人身生命、生产安全造成的危害及对社会经济影响的程度，用电负荷分为下列三级。

一级负荷（关键负荷）——突然停电将关乎人身生命安全，或在经济上造成重大损失，或在政治上造成重大不良影响者。如重要交通和通信枢纽用电负荷、重点企业中的重大设备和连续生产线、政治和外事活动中心等。

二级负荷（重要负荷）——突然停电将在经济上造成较大损失，或在政治上造成不良影响者。如突然停电将造成主要设备损坏或大量商品报废，交通和通信枢纽用电负荷，大量人员集中的公共场所等。

三级负荷（一般负荷）——不属于一级和二级负荷者。

（2）送电网改造

送电网应该能够接受电源点的全部容量并满足变电站的满负荷。当园区的负荷密度持续增加时，增加变电站的数量可以减小供电区域的面积并减少线路损耗。但是，需要增加送电投资，如扩大现有变电站的容量，这将增加对配电网的投资。当旧工业园区现有供电能力严重不足或旧设备需要全面改造时，可采取电网增压措施。电网增压再利用是扩大供电能力的有效措施之一，但应结合长远规划，注意以下工作：

①研究现有工业区供电设施和再生利用后的技术经济合理性；

②制定电网增压再利用的相关技术标准，确保电网增压后的供电可靠性；

③在升压的过渡期间，应该有适当和可靠的技术组织措施。

（3）配电网改造

高压配电网架应与二次传输网络紧密协调，并能提供容量。配电网的规划和设计与二次送电网的规划和设计类似，但应该更具适应性。高压配电网架应在长期规划中一次性建成，并且通常应在 20 年内保持不变。当负载密度增加到一定程度时，可以插入新的变电站，使得网格结构基本不变。

高压配电网中的每条主线和配电变压器应具有相对明显的供电范围，不应重叠。高压配电架的接线方式可以采用放射式。低压配电网一般采用放射式，负荷密集区的线路应采用环式，满足条件时可采用格网式。

配电网应不断加强网络结构，努力提高供电可靠性，满足扩大用户持续用电需求，逐步减少重要用户，并积极建设双电源线和专线电源线，必须由双电源供电的用户应在进入的开关之间具有可靠的连锁装置。

园区的道路照明路线是配电网络的组成部分，低压配电网络及路灯照明的总体安排应包含在修建性详细规划中。

4.4.3　供热系统设计

（1）供热工程再生利用的特点

1）用户的热负荷需求发生变化

在旧工业建筑体的功能转变之后，对热负荷的需求也相应地发生变化。因此，满足再利用建筑的热负荷需求是对既有管网改造再利用的前提。

2）供热管网的运行年限长

旧工业区的供热管网已建成较长时间，使用寿命长，管道、部件及配套设施有一定的腐蚀性。保温效果差，热损失大，水力不平衡和热不平衡严重，管网运行调整缺乏控制手段。

3）需要兼顾多方利益

既有供热管网的改造和再利用不仅要考虑投资者的利益，还要考虑用户的需求；同时，我们还必须考虑当前中国生态可持续性的要求。

4）供热管网的特定性

供热管网建在特定的地理环境中，受自然条件的影响，还有用户需求，功能技术要求，地形地质，热媒等管道等资源条件的影响。由于客观条件和使用目的，有必要单独设计和开发供热管网的特定施工方法。

5）供热管网的高投入

对于旧工业区，供热管网系统相对较大且复杂，不仅需要大量资源，而且需要大量的物化劳动和活劳动。因此，对供热管网解决方案的决策需要非常谨慎。一旦失误，它不仅会造成重大的直接经济损失，而且还会产生大量的间接经济损失。

（2）供热工程再生利用的内容

供热设施改造包括：原有大型锅炉房的供热系统，配电系统，水处理和环保系统的再生利用；热力站更新换热器、水泵、阀门、管道、过滤器、仪表等设备，补水系统及配件保温改造，添加控制系统（如气候补偿器），流量或压力平衡设备，仪表和速度控制泵等设备。

供热管网改造包括：在管网更新项目中，有必要改变铺设方法，重新铺设和更换新的管网，安装平衡阀和建筑热量表；在管网改造工程中，更换保温、补偿器和阀门设备，安装平衡阀和建筑热量表。

室内采暖系统改造包括：安装采暖设备，直管改跨越管，安装温控阀，使室内采暖系统具有温度调节条件。

（3）技术要求

1）管网敷设方式：应将其设为无偿直埋的主要铺设方法。

2）管道保温及附件：①防腐、保温应符合防腐保温材料加热管及配件的要求和施工规范。②补偿器，管网采用无补偿直埋，最大限度地减少补偿器数量，减少隐患。必须安装补偿器时，主要使用外压式波纹管补偿器。③阀门，更换或新安装的阀门应以不易泄漏的方式连接和密封。

3）调节与热计量：①流量调节。安装自力式流量或差压控制器，使二级管网的水力失调度达到标准。②热计量。在建筑物供热管的热力入口处安装热量表，测量建筑物的实际热耗，计算供热管网的热量损失，为节能管理和计量费用提供依据。③热力站改造：换热器采用板式换热器，换热效率高，占地面积小，循环水泵采用静音节能高效水泵；水处理按《供热采暖系统水质及防腐技术规程》进行，补水定压方式为补水泵变频定压；

为了便于供热条件的调节和操作，每个热站的一次网侧应装设手动调节阀，差压（流量）控制器和热量表，二次网侧装设手动调节阀满足变流量调节的要求，热站的循环泵应采用调速泵。④室内采暖系统：室内供暖系统应具有温度调节条件。

4.4.4 燃气系统设计

旧工业区生活环境较差，生活设施较少，居住人口稀少单一。长期以来，燃气系统的改造对居民的生活有较大的影响，并可能在一定程度上受到阻挠。因此，旧工业区燃气系统的技术改造需要严格遵循现行燃气规范、法规和企业标准，做出全面考虑，充分做好用户工作。

（1）燃气管网改造设计要求

1）优化地下燃气管网系统的设计

大多数旧工业区的天然气管道建设周期较长，地下市政管道管网布局混乱。根据燃气电子地图文件和资料，充分考虑所有市政管道的位置和条件，如水、电、热力、通信等，合理规划燃气管道的位置，避免重复铺设管道或与其他管道挤压等相互干扰，产生新的安全隐患，并且需要节省材料和投资。

2）选择合适的管材及管径

在一些旧工业区，天然气管线中有铸铁管等旧材料，所以在技术改造过程中，根据旧工业区的现有用户和社会的发展，应重新选择适当的新管道，并应以园区用户为基础，重新计算燃气管网系统的负载以确定合理的管道直径。

3）对用户的影响减到最低

为了能最大程度地得到用户的支持，在改造方案的确定过程中，一方面，有必要选择具有低扰动的改造方法，例如非挖掘设计，以减少噪声影响和行驶影响；另一方面，必须确保在使用者的使用寿命中正常使用燃气，并且由于接切线的工作或施工工作，不能影响使用者对燃气的正常使用。

4）完善后续用户服务管理工作

为了确保供气安全，应避免在园区地上引入，用户室中引入口处安装入口阀。避免出现紧急情况而不能及时关闭阀门等问题。这些年来，燃气改造均为将引入口外移至楼外或楼门口，建立阀门保温台和阀箱，设备距离地面的高度应符合设计规范。在后续的燃气设备设施管理中，应该尽可能小地影响用户，不断完善燃气企业的用户服务管理工作，制定相应的燃气巡检周期和维检修制度。

（2）燃气技术改造模式

根据上述转型思路，旧工业建筑住宅小区的燃气技术改造模式主要有：

1）庭院线采取贴邻换管方式。贴邻换管意味着在旧煤气管旁边重新铺设新管道并拆除旧管道，拆除成本很高。或尽量维持与现状其他管道的相对关系，此种方式也造成地下管线越来越多，地下土地资源逐步减少。

贴邻换管的改造方法可以方便管道切割操作，减少项目的总投资，减小施工过程对用户的影响。这种管道的改造很困难，在进行设计之前，有必要通过各种专业的测绘和检测结果进行现场验证。在正式施工前，需进一步验证管道位置和周围条件之后才能正式开始施工。

2）将进气口引入室外地面，均匀安装法兰球阀，安装阀箱，制作保温台。将用户的室内燃气引入改为室外引入，在一定程度上解决了用户厨房中入口阀的潜在安全隐患。它减少了用户家中的泄漏点，避免了用户私自关闭阀门的情况，提高了燃气设施的安全性。引入口阀门采用法兰球阀，相比较于闸阀具有造价合理、启闭方便、体积适中、密闭性好等特点。

3）立管一般由圆管制成，如镀锌钢管或无缝钢管。大多数现有的旧工业区仍然使用现场更换立管和室内管道的方式，将腐蚀的立管和室内管道替换为镀锌钢管或无缝钢管。在选取管材及改造方式后，需要计算流量及并进行水力计算，计算摩擦阻力损失，以确保管材、管径、改造方式等选择正确。

4）燃气表一般选用普通皮膜表或 CPU 卡表。使用卡表形式可以解决当前计费过程中存在的一些问题，如检查过程不便，收费困难，劳动力成本投入高，收费处理效率低等问题。如果旧工业区燃气系统没有使用卡表的条件，则仍然用普通的皮膜表替换，后续继续采用查表收费的模式。

4.4.5　通信系统设计

（1）通信升级的原则

1）安全性要求

在旧工业区改造升级中建设通信传输网，应首先考虑系统的安全性。光纤通信网架设应以电力线路走向为基础，在实现"手拉手"供电的同时达到通信环网要求。根据线路情况建议采用电力特种光缆，电力特种光缆在安全性能方面要优于普通光缆，同时网络管理系统和保护措施也应纳入通信网建设。对于无线通信专网，须根据环境要求选好基站，采取必要的防雷措施，租用的无线公网通信，应加装防火墙，以保证信息安全。

2）可靠性要求

按照通信网容灾方案要求，传输网的骨干网和支线网应尽量构成环网，以提高通信网络的稳定性和可靠性。在建设中，电力通信网络结构、通道组织、设备配置等，需要进行必要的改造、调整和完善，构建电力通信网络第二汇聚点，形成逐级双汇聚、双上联的高可靠通信网络容灾体系架构，确保在主调节点失效情况下电网调度数据、调度电话、信息化数据等通信业务及对通信网的管控能力不受影响，形成坚强、稳定、可靠的电力通信传输网。

3）优化原则

通信网改造升级要在现有基础上和电网结构基础上进行必要的新建和改造，建设前应充分分析业务需求和改造建设方案，尤其是信息化深化应用背景下的带宽预测，突出资源整合、优化通信网络，避免重复投资。同时，在组建通信传输网时，应考虑每个传输节点的设备容量及纤芯数余量，提高电力通信网整体资源利用率，实现配置灵活、经济高效的目标，以满足电网智能化发展需要。

（2）通信工程改造

1）管道

①应积极推进"光进铜退"的实施，以降低电缆网络中管网对管道管孔的占用率。

②坚持共同建造，统一规划，统一建设，统一使用的原则，所有电信运营商应共同确定管孔数量、管孔规格、分段长度、人（手）孔设置，避免重复施工。并根据实际情况，使用相同的沟槽或同一沟槽不同的井。

③共建管道应采用塑料管孔区分。

④上引的管道应尽可能延伸至远离街道的小巷。采用统一的材料，规格一致，上管长度均匀，排列整齐，固定牢固，外形美观。

2）杆路

①采用共建模式时，路线选择应满足共建各方的业务需求，共同建设者应明确共同建设起点和终点、杆路的长度、杆路路由、电缆数量等。

②有必要通过共同的杆线积极促进杆路的架设，以最大限度地分享资源。杆路之间必须统一清晰编号，产权清晰。

③现有杆路的重建或扩建应满足各方不少于三年的通信建设发展规划的基本需求。

3）箱体（盒）

①对于 FTTH 网络的再生利用，转换应以一体化方式进行。

②多合一箱体是实现多网融合的关键，根据原有网络的分光模式确定箱体的规格。如果原始网络是一级分光模式，则可以使用多合一的一级光分纤箱；如原有网络为一、二级分光并存的网络模式，则使用一、二级共存的光分纤箱，这样不会改变原有的网络结构；同时，结合现有的运营商电缆网络，可以在光分纤箱内增设电缆成端。

4）入户线

①在再生利用项目中，入户线的再生利用一直以来都是困难和重要的，究其原因，入户线的安装没有遵循统一的规划，随意飞线及废旧线缆未及时拆除。

家用通信线路从铜缆时代升级到光纤时代后，由于大量的铜包钢家用线路升级后，未及时拆除，并且在用户更换运营商之后未被移除的线缆是导致当前"蜘蛛网"众多的重要原因。

②共享入户线路可以有效地避免上述问题，但共建和共享入户线路的前提是有个多

合一的箱体，每条入户线路应该贴上标签来注明哪个用户。

（3）智能网管体系

在旧工业区内建立的专业网络管理系统架构包括采集层、数据层和网络管理应用层。更先进的网络管理系统将应用层分为核心能力层和展示层。各专业网络管理系统向智能网管系统的演进过程主要体现在专业网管系统架构层向智能网管系统的逐步迁移、集成和演进。演进过程主要有以下几种方法，具体见表4.2。

现有网管融合至智能网管体系的模式　　　　　　　　　　　　　表 4.2

体系	模式	介绍
智能网管体系	门户集成	采用单点登录的方式或远程终端方式，将原有网管系统操作界面集成到智能网管体系中
	能力融合	原有网管能力按照智能网管能力标准在智能网管能力池新建、迁移或改造至智能网管或开放能力供智能网管调用
	采集共享	原有网管系统的数据采集造配功能保留并作改造，采集的数据同时向原网管和智能网管提供
	数据共享	原有网管系统的数据库向智能网管全部开放并逐步向智能网管统一数据模型过渡

门户集成：通过远程终端服务或界面集成方式由智能网管访问专业网管界面。

采集共享：通过专业网管数据采集层实现原始采集数据在专业网管和智能网管的共享。

数据融合：通过专业网管数据层实现数据在专业网管和智能网管的共享。

能力融合：将专业网管应用层（核心能力层、视图层）迁移至智能网管实现。应用演进的模式包括能力新建、能力迁移和能力开放融合三种模式。

完全融合：专业网管的采集层、数据层、网管能力层及展示层全部迁移、融合至智能网管。

对于具有全面系统功能和稳定运行，但缺乏新要求的专业网络管理系统，如果专业网络管理系统没有维护能力或系统会在短时间内消亡的，不再纳入智能网管体系。

对于系统功能全面、运行稳定，但缺乏新需求推动的专业的网络管理系统，通过界面集成和数据共享逐步整合智能网管，最终将网管功能迁移到智能网管。

对于功能更全面，系统运行稳定，需求旺盛的专业网络管理系统，其运维管理能力普遍较强。该类系统演进的基本路径有两种，一是在该系统的基础上，构建智能网管基础架构，即基于该系统构建智能网管系统；二是逐步将该专业网管融入智能网管。

对于跨专业，部分聚合的网络管理系统，主要包括集中警告和综合分析系统。因此，演进过程需要注意充分利用其现有的网络管理能力。对于这类系统的前期演进至界面融合或数据共享方式，在后期，根据智能网络管理能力标准，逐步将其迁移并整合至智能网络管理系统。

第5章 旧工业建筑再生利用单体建筑设计

旧工业建筑因受各种因素的联动影响，导致其功能丧失而被闲置。通过立面处理、内部空间利用、绿色节能及结构改造等方式，对其建筑单体进行再生利用设计，从而赋予其新的功能，焕发出新的生机和活力。旧工业建筑再生利用单体建筑设计是再生利用的核心，是再生利用中的重点和难点，也是保证再生利用效果的关键。

5.1 立面处理

建筑外立面，指的是建筑和建筑外部空间直接接触的界面以及其展现出来的形象和构成的方式，或是建筑内外空间界面处的构件及其组合方式的统称。建筑外立面作为建筑的面皮，是美学的外在表现，而材料的合理利用、色彩的运用以及细部构件的组织处理构成了外立面设计美化的要素。

5.1.1 材料选择

建筑材料作为建筑外立面的重要组成部分，通过对材料的形状、色彩、质感的精心设计，会使其外立面焕然一新。不同类型的建筑材料会塑造出不同的外立面风格，如玻璃的透明、金属的质地、混凝土的重度等。旧工业建筑是历史延续的精神场所，对其进行改造设计再生利用时，可以通过保留利用既有材料和引入新材料相结合的方法，来实现旧工业建筑的价值，使其重现活力，实现再生。

（1）既有材料的保留与利用

既有的旧建筑材料是旧工业价值的主要体现，即使它们的面貌已经衰败，但它们自带的年代生活气息，随时能唤起人们那段存留的岁月记忆。因此，在改造设计旧工业建筑时，要合理的利用既有材料并以适当的方法对其保留。

在旧工业建筑改造设计中，既有材料能否保留取决于对其性能的合理监测以及老化程度的综合分析。在旧工业建筑中，这些既有材料主要分为功能和装饰材料。功能材料是旧工业改造设计的物质基础，主要包含旧工业建筑承重结构、围护结构以及附属构件等材料，与改造后建筑的使用安全指数和外立面形态有很大关系。装饰材料主要指不参与承重的，但能传达时代美感的建筑材料，其特有的视觉感受在旧工业改造设计中不可或缺。因此，在旧工业建筑改造设计中，功能材料和装饰材料的保留与利用是旧工业建筑改造的精神内涵，可以延续旧建筑的内容和文化，保留其场所感，使之再生成为可能。

　　如图 5.1 所示 Kuppersmuhle 当代艺术馆，是德国伊斯堡海港区的一栋六层的红砖厂。从仓库到现代艺术中心，实现其功能的转变，建筑的外立面需要进行更新。在更新改造过程中，由于既有建筑房间的层高较低，建筑师通过拆除楼板的方式将两层合并为一层，以满足展览建筑的层高需求。既有建筑墙体的所有砖块都被完整保留，并且其一部分填充到窗洞口用来减小侧向开窗的面积，使其满足展厅空间的采光要求。在外立面的改造更新过程中，旧砖块被保留、清洗、修复，然后用于新建筑的外立面中，这种方式既尊重了既有建筑同时又反映了新建筑的特征，使之成为利用既有材料完成外立面更新的经典案例。

图 5.1　Kuppersmuhle 当代艺术馆

　　（2）新材料的介入与运用

　　在旧工业建筑外立面更新的过程中，有必要循环利用既有材料，但既有材料毕竟有限，没有办法完全满足建筑外立面更新的需要，因此一些新材料运用到外立面的更新中已成为必然。新材料的选用可以有效地扩大旧工业建筑外立面的自由度，但也要小心处理新旧之间的协调关系。有多种材料可供选择，其选择将会影响建筑的真实性、可读性以及建筑的安全性。在旧工业建筑外立面更新的成功案例中，最具突出表现力的外立面更新材料如下：

　　1）面砖

　　面砖是外立面更新中应用广泛的材料，其原材料来源于大地，给人以亲密感。我国的旧工业建筑大多是裸露的砖墙，可以让人感受到传统文明的力量，并且激发人们思考历史。因此，在旧工业建筑改造中，建筑师常用面砖的拼贴来模仿传统砖砌筑的墙面，作为对传统建筑形象的一种追求，如图 5.2 所示。

（a）外景一　　　　　　　　　　　　　　（b）外景二

图 5.2　北京伊比利亚当代艺术馆

　　常见的外墙面砖如图 5.3 所示，与其他的材料相比，具有良好的耐久性和环保性能。最初作为结构材料的砖随着结构形式的多样化也被释放出来，参与建筑物的部分封闭和装饰中。更新旧工业建筑外立面时，建筑师将为外墙砖附着不同的材质来塑造不同的建筑形态，并且通过面砖与砖的砌筑方式的变化、灰缝的排列组合来形成较强的墙面肌理，控制外立面更新的效果。

（a）形式一　　　　　　　　　　　　　　（b）形式二

图 5.3　外墙面砖示意图

2）涂料

　　由于外墙粉刷更新方式见效快，可实施性强，故常用于旧工业建筑的外立面的更新。该方式是在旧建筑原有形体的基础上，装饰和保护建筑外墙面，美化建筑形象，同时起到保护外墙的作用，以延长使用时间。涂料有宽广的色谱，几乎可以提供任何想要的色彩，故在旧建筑外立面更新中有着显著的优势。此外，涂料的质感也会因构造过程不同而有差异。在旧工业建筑改造的外立面更新的过程中，合理地利用涂料，将会获得良好的视觉效果和节约成本。此外，由于涂料不能创造太多视觉细节，在设计中，建筑的整体美感需要通过体块、虚拟现实的结合来创造。

3）金属

金属材料（以铝、钢、铜等为代表）被广泛地应用到旧工业建筑改造中。它与旧建筑的大多数材料不同，反映了现代的材料、技术和建筑美学，与旧工业建筑强烈的历史感相比，它强调了旧建筑的真实性和可读性。此外，它通常采用螺栓固定在旧建筑上，对旧建筑的破坏和依赖都比较小，并且能够增强旧建筑结构的稳定性。在金属表面做防腐措施，既能增强金属的耐久性，还能赋予金属多彩的颜色。通常金属材料与其他材料混合以形成对比和融合效果，同时也反映现代美学特征。我们常常见到生锈的金属与周围褐色砖石相搭配，丰富了环境的水平，也显得协调统一；有些时候金属会作为结构杆件，反映力的平衡；在某些情况下，金属板用作饰面被广泛应用于幕墙。金属容易与旧建筑形成良好的融合效果，并且可以通过结构的颜色、纹理与既有建筑物的纹理形成对比，因此它被广泛地应用于外立面更新。

如达利国际的办公楼和综合楼是由两栋单层厂房改造而成的。为了改变老厂房刻板沉重的印象，设计师首先采用浅灰色涂料对老厂房的外墙面进行粉刷，再在厂房外包裹一层铝条编织的丝质的外立面如图5.4所示。铝条被打乱重组，形成的网状外衣不仅可以调节光线，而且使室内外空间的过渡更为微妙，同时消除了老厂房沉重的体量感。

图5.4　达利国际铝条制作的建筑外立面

4）玻璃

玻璃作为旧工业建筑改造的材料，通常以两种形式出现：其一是围护材料，为建筑挡风遮雨；其二是作为结构材料，支承建筑结构。在旧工业建筑改造中，玻璃经常以玻璃窗、玻璃屋顶、雨篷等形式为更新后的外立面形态增添一丝清新和淡然。随着现代工艺的进步与发展，我们相信玻璃将会以更新颖和创造性的表达为旧工业建筑注入新的活力。在实践中玻璃通常与金属材料结合使用，呈现出晶莹剔透、多变且现代的外观。

如图 5.5 所示的玻璃作为围护材料应用于旧工业建筑外立面更新的形式多种多样，如编织旧肌体、封闭旧空间，在扩建和施工中创造新空间。在旧工业建筑改造中，玻璃以二维形态出现在墙面中，形成外立面新旧肌理的对比。此外，围合空间的玻璃常以三维方式出现，与旧建筑融为一体，创造出让人惊叹的空间。随着技术的发展，玻璃的强度不断提高，常被用作旧建筑内部的结构材料。

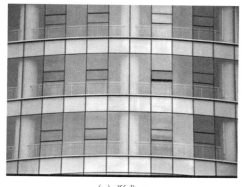
（a）形式一

（b）形式二

图 5.5　玻璃饰面

用于旧工业建筑外立面更新的建筑材料多种多样，传统或现代的材料在外立面更新中具有新的含义，使更新后的外立面形态具有多样性。建筑材料的质地、纹理、光滑度，即建筑材料的材质，可以给人一种特殊的感受，即质感。不同的建筑材料，具有不同的材质，呈现出不同的情感。材料的各种性能要有明确的主从关系，并且存在适当的比例关系。

（3）新旧材料的整合

旧工业建筑改造后，引进的新材料和既有材料同时存在，相互映衬对比，有时候会协调并存，有时候会对比并存。通过新旧材料的整合，进行建筑外立面的肌理化建构，可以获得良好的艺术效果，同时使旧工业建筑更加生动现代。多样组合，使外立面更新的效果多样化，如虚与实、轻与重的组合等是外立面更新时惯用的组合方式。

1）虚与实的组合

在进行旧工业建筑的外立面更新时，要处理好虚与实的关系，这也是外立面更新时最常用的组合。如果建筑实的部分相对较少，建筑似乎相对脆弱；反之，建筑则显得笨重沉闷。因此，在进行外立面更新时要巧妙地将虚实结合在一起，才能使建筑轻盈通透。通常情况下，以玻璃为代表的透明材料形成虚的表面，与相对的实体产生强烈的对比。同时，为了减少实体，我们可以通过开窗或开洞的方式来达到虚实对比的视觉效果。

在实际应用中，材料的虚实关系主要反映了主从关系，而较大的比例部分可以视为底，这时比重小的部分会凸显于底。当实体材料作为底时，我们应该注意虚拟材料的排列，同时还要考虑实体材料作为底的完整性，反之亦然。虚实具有相互渗透的功能，二者的结合可以在视觉上产生相互渗透的效果，实现虚实相生。为了突出这种相互渗透的效果，在进行旧工业建筑外立面更新时，大面积的实体材料通常与透明的玻璃相结合，形成强烈的对比，以强化虚实的渗透作用。

如图 5.6 所示的卡尔斯鲁厄艺术及媒体技术中心，在改造再利用的过程中，将一个"蓝箱"作为音乐工作室放在老兵工厂的前面，它的光线形状与其背后的厚重墙体形成鲜明对比。它融合了旧建筑审美气质和视觉景观，同时也丰富了建筑外立面的形态，给老兵工厂注入了活力。

(a) 内景一　　　　　　　　　　　　　　(b) 内景二

图 5.6　卡尔斯鲁厄艺术及媒体技术中心

2）轻与重的组合

在对旧工业建筑进行外立面更新时，需要不同的质感材料来丰富建筑外立面形态。材料的质感是材料本身的特征，如金属的光泽、玻璃、大理石等不同材料质感常常带给人们不同轻重的感觉。粗糙的质感材料比细腻的质感材料更重。同时，重量感还与色彩相关，色彩越深越具重量感，相反色彩越浅则显得越轻。在旧工业建筑外立面更新时，必须合理地使用轻重组合，为旧工业建筑增添现代感和亲切感。在泰特现代美术馆的外立面更新中，在原有厚重肌体的顶部上加建了一个两层高的晶莹剔透的玻璃盒子，实现了轻与重的巧妙运用，取得了强烈的艺术效果。

5.1.2　色彩运用

在各种视觉要素中，色彩是最具表现力的元素，也是塑造建筑外立面形象的重要方面，已成为建筑表达的客观工具。随着发展的推动，色彩已经成为人们感知建筑的直接因素。在旧工业建筑外立面更新中，色彩是建筑外立面最为直观的表达，真实地反映了新旧外立面之间的相互作用。因此，在旧工业建筑外立面进行更新时，必须适当的运用色彩以增强建筑更新后的美学效果。

（1）色彩的作用

色彩既可以给建筑增加生气，也可以给建筑注入特殊的情调。当旧工业建筑外立面更新时，建筑物的视觉形象可以通过色彩来美化。在单调的旧工业建筑肌体中，外观肌理可以通过色彩造型来组织，使建筑形象脱颖而出。一般情况下，我们通过色彩来强调建筑的轮廓、关键构件等，以便凸显建筑形式。与此同时，建筑外立面的整体色彩会对城市色彩产生重大影响。由于旧工业建筑外立面的色彩比较单一，常常给人冷峻庄严的感觉，我们可以运用色彩来对其进行外立面更新。合理地运用色彩可以改善旧工业建筑的外部形象，将其融入到城市环境，使之成为城市体系中和谐的一部分。

（2）色彩的相似与对比

随着人们对时尚的追求，人们对建筑的传统观念正在发生着变化。我们通常使用先进的技术来改变材料的色彩，并将其运用于外立面肌理的组织，这对加强建筑的形态起到积极的作用。当进行旧工业建筑外立面更新时，色彩的运用主要体现在以下两个方面。

1）色彩的相似

在进行外立面更新时，为使色彩均匀，通常选用色调、亮度、纯度彼此接近的颜色，这也是外立面更新常用的手法。在色彩的相似原则下，旧工业建筑在外立面更新前后的色彩不会有太大差异，与既有建筑的色彩风格保持协调一致。该方法适用于有较强历史保留价值的旧工业建筑，通过色彩的融合，强化了既有建筑的风貌，并使其融入到城市空间环境中。

2）色彩的对比

建筑外立面色彩的对比是将两种以上不同的色彩放在一起进行对照比较，从而起到个性突出、鲜明强烈的色彩感觉。建筑的色彩如果没有对比反差就会使人感到单调，而应用相反或对比的色彩会给建筑带来鲜明纯净的效果而且不影响色泽。

在旧工业建筑外立面更新的项目中，色彩对比的使用可以使得旧建筑更加生动有趣。建筑师充分利用建筑材料的原有色彩与新材料的结合，来创造色彩对比的效果，为旧建筑注入新的活力。与建筑的既有材料不同，色彩对比的运用会给建筑带来更加丰富的形态。如图 5.7 所示中联创意广场 A 座，既有建筑的肌体涂有灰白色油漆，用灰白涂料粉刷了原有建筑的肌体，灰白色对比，再用红色钢管装饰建筑，丰富其色彩，使公园气氛活跃，为园区注入了新的活力。

色彩具有很多功能，如区分功能、影响人的情绪等，都在推动着旧建筑的更新。同时，色彩在外立面更新时有着特殊的表达作用，能够协调新旧部分的关系，使旧建筑注入新的活力。总之，色彩的运用在旧工业建筑外立面更新中起到了核心控制，发挥着积极的作用。

图 5.7　中联创意广场 A 座

5.1.3　细部设计

　　建筑外立面的细部具体来讲主要指建筑物檐口、雨篷、空调机位及墙面的分格。细部可以让观察者感知建筑的尺度，同时也传达着历史文化。一般情况下，相同的体积，大尺度的细部处理会使建筑整体显得矮小，而小尺度的细部处理则会使建筑整体显得高大。因此，在更新建筑外立面时要考虑这些特征，把握好建筑的尺度。

　　外立面细部反映一定的历史文脉，同时又具有一定的象征性。对细部而言，象征性具有两重意义：

　　①细部的历史意义。由于历史文化的积累，形成了像希腊柱式、罗马柱式、哥特建筑等精妙的细部，同时这些细部也代表了其所处时期的建筑风格，包含了对建筑美学及社会信息的诠释，因此我们在处理旧工业建筑外立面更新时要注重细部的设计。

　　②细部的抽象意义。所谓的抽象就是指意识中所体现的对象要异于其原型，并把这种原型物简化并表现为某种具有几何倾向的事物。在外立面更新的实例中，建筑师常用基本的几何形体，通过简化某些原始构件的符号创造出几何性极强的抽象构件来进行外立面更新，从而传达建筑形式的文化意义。

　　细部设计能够对建筑设计进行完善和补充，即使它不是建筑的本质，也能使建筑的功能和形式更趋合理且产生美感。细部设计被用作外立面更新的手段，主要有以下几种方式。

　　（1）相似

　　对于细部而言，彼此相似的细部或部分会让人忽略它们之间的差异，这将有助于整体感的形成，但也是基于这种相似，才有对比手法存在的可能性。呼应和重复是相似的主要两种类型。

　　1）呼应

　　细部的呼应就是指细部彼此之间能够形成呼应，细部形式的相似、色彩以及光影是影响建筑的构图均衡、和谐、含蓄的外在因素。在细部构件的组织中，相似的构件之间构成呼应，从而使建筑外立面构图具有整体统一感。

2）重复

重复就是相同细部的排列。利用建筑物中许多重复的因素，有意识地重复与渐变处理这些构图因素，建筑的细部给人以更加强烈而深刻的印象。通常来说，相同细部的排列具有引导感，给人一种秩序感。细部的重复处理，如柱廊的运用，栏杆的排布都会给建筑带来秩序感和统一感。如图5.8所示的建筑外立面，采用了相似的方窗重复的形式，充分的体现了建筑的韵律美感。

(a) 立面一　　　　　　　　　　　　　　　　(b) 立面二

图 5.8　重复的建筑外立面

（2）对比

细部对比的设计思路：

①在均质环境中引入异质的要素。均质给人以稳定感，但容易走向沉闷和呆板。在均质的建筑外立面细部处理中，通过尺寸、形状、轮廓、色调等元素的变化使均质的环境发生改变，由于相异物质的引入，人的注意力会从均质环境转移到突变的形态上，从而给人变化感。

②在杂乱中引入均质的要素来统一。当建筑外立面中各种组成元素缺乏明显的视觉上的联系时，便会产生杂乱之感。在这一点上，整体情况可以由一些统一的技术和元素支配，但这些新元素在视觉上必须占主导地位。

对比手法的运用主要体现在以下几个方面：

1）形式的对比。形式是物体的形状和结构，与其本质或构成不同，有形的线条、图形、轮廓、构型和断面是决定其显著外貌的特征因素。形式的对比主要是指建筑外立面包含的各要素通过在形状的大小、方向、虚实以及相异的形来达到目的。如图5.9所示中联

U 谷产业园，在外立面更新的过程中，保留了原有厂区的烟囱，成为整个公园的垂直标志，形成了水平和竖直、方形和圆形的对比，打破了建筑横向肌理的暗沉，使外立面看起来色彩缤纷。

2）材料的对比。主要通过要素的不同材质、肌理以及色彩的细部构件，使建筑外立面细部产生变化与对比。这些细部构件通过运用对比的手法，丰富建筑造型的同时，也丰富了建筑装饰语汇。

3）色彩的对比。主要是指在建筑环境中，通过引入相应的新颜色使其与建筑既有的颜色产生对比，这种方式对人们来说更加微妙和直观。如图 5.10 所示中联 U 谷产业园的爱拉摄影，采用编织的红色金属网来定义空间，红色的金属网与灰色的墙壁形成鲜明的对比，使得工作室的外立面与大背景相映成趣，给人留下深刻的印象。由于既有的总体环境比较单一，部分的色彩对比不仅丰富了建筑外立面的形态，而且具有很强的可识别性。

图 5.9　中联 U 谷产业园外貌

图 5.10　爱拉摄影外观

5.2　空间利用

对旧工业建筑内部空间进行合理的重构设计，可以充分利用其室内的空间，同时更好的发挥闲置空间的作用，实现其再生利用。本书建筑内部空间设计的内容主要从整体空间重构、局部空间重构、内部空间细节处理三方面来阐述。

5.2.1　整体空间重构

旧工业建筑内部空间的整体空间重构是在原有空间基础上对空间形态、内部组织结构、室内路径的二次塑造，属于改造保护型的开发模式，并且改造力度较大。

对整体空间重构，必须灵活划分重组空间，若是单一型的大空间，改造方法可使单一空间向立体复合性方向发展。当旧工业建筑的内部空间较为高大时，原始的单层空间可以朝着多层复杂空间形式转变和发展，也可以通过围合限定等处理手法在大空间中划分出小空间来，更适宜区分空间的不同功能属性。在一定空间范围内能够高效率地利用好室内空间，扩展了空间容量的同时又丰富了室内的活动类型，把动态区间与静态区间相对分开，把公共区间与隐秘区间相互隔离。垂直分隔、水平分隔、异构植入、地下拓展等是常见的室内空间分隔形式。

（1）垂直分隔

1）通过加层、夹层等手段，将具有高跨度的室内空间沿垂直方向增设新的水平界面，提高空间的利用率，并使界面分解得更有层次化，形成多样化的使用空间。其效果如图 5.11 所示。

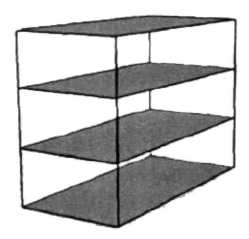

图 5.11　空间垂直分隔示意图

2）将具有多层次的室内空间沿垂直方向减少原有的水平界面，可以得到比原有室内空间更高跨度的室内空间，适应改造提出的新要求。如将多层标准厂房某一层减掉使两层并为一层，从而加大室内空间，以适应大型展厅的需要。

从目前现有旧工业建筑改造利用案例来看，前者较多，后者较少，理由如下：

①原来多层、低空间的厂房较少，现在虽然随着标准厂房的推广而有所增加，而在重化工等行业仍是以单层、大跨度、高空间的厂房为主。

②通过加层、夹层等手段增设新的水平界面，得到更多的空间使用功能，在有限的空间范围内让更多的有不同需求的使用者的要求得到满足，获得较大的经济效益；而通过减层减少原有的水平界面以获得更高跨度的室内空间，其空间的利用率相对降低，满足不同要求使用者的需求也随之降低，经济效益显然随之减少，这就是通过减层减少原有的水平界面以获得更高跨度的室内空间的旧工业建筑改造利用的实例较少的原因所在，除非比经济效益更大，一般旧工业建筑改造利用是不会采纳通过减层减少原有的水平界

面以获得更高跨度的室内空间设计方案的。

在高跨度室内空间的垂直方向增设新的水平界面时，应注意以下几点：

①原有厂房内部空间较高，一般要求 6m 以上；

②厂房结构坚固，具有一定的改造潜力，比如带有支撑结构为巨型钢梁、拱、排架等的旧厂房，这是改造利用旧厂房的重要基础条件，设计时要高度重视；

③改造设计应注意原工业建筑结构与新增结构构件之间的兼容性，同时要达到新的使用功能要求，确保新增结构构件不对原工业建筑的基础与建筑的受力构件带来损伤，不会因结构构件的新增给建筑的安全造成威胁；

④应注意做好对自然采光和通风要求的处理，创造出有利于采光和通风的中庭以及在室内其他空间活动的场所。

如图 5.12 为英国伦敦南的河边发电站改造设计成的泰德美术馆。在改造设计时没有增加多少发电站外部附加建筑物，从而使河边发电站依然协调地融入在原来的环境之中。设计师皮亚诺原封不动地保留了河边发电站的外壳，仅仅将房子的屋顶变成了玻璃的，正是这从外部不易看出的改动，极大范围地增强了建筑物内部的自然采光量。进入锅炉房后，展现在人们面前的是一个多层的能实现自我的内部空间，里面容纳了许多灵活多变的、形式多样的、高水准的美术陈列室。在室内空间中，整体均采用了自然采光，例如：顶部是一个整体透明的透光屋顶，立面四周则是采用墙面反射光线或窗户透光让光线进入室内大厅。

(a) 内景一　　　　　　　　　　　　　　　　(b) 内景二

图 5.12　泰德美术馆

(2) 水平分隔

这种空间重构的设计手法广泛应用于室内空间改造设计中，一般用于多层框架结构的厂房、仓库改造为办公用房或住宅。在满足使用者需求的同时，对室内空间的既有主体进行结构略微改动，使新增隔墙在既有结构的承载力范围之内，沿室内水平方向增加轻质隔墙，将原有的开放型大空间分隔成多个私密型小型空间，如图 5.13 所示，尽可能灵活，实用性强，以满足新的使用要求。值得注意的是，这种改建方式由于在既有结构上增加了荷载，因而对建筑的结构有较高的要求。

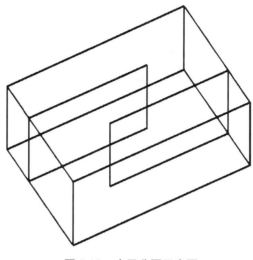

图 5.13　水平分隔示意图

沿水平方向对室内空间进行划分或合并，需要将墙体的位置和状态进行必要的改变，这种改变必须以确保建筑结构安全为前提。划分或合并的目的是达到新的功能要求，提高室内空间的使用效率。它主要有以下三种方式：

1）绝对分隔：用墙从底到顶对室内空间进行完全隔断，这种方式能很好地遮挡视线，具有良好的隔声效果。这种分隔方式一般用于有封闭保密要求的办公空间、居住空间、餐饮空间等。

2）局部分隔：以不到顶棚或墙面的隔断对空间进行分隔，使得建筑内的各个部分在空间上有一定的连接。这种分隔方式一般用于有相互联系要求的办公空间、餐饮空间等。

3）灵活分隔：通过使用可以移动的屏风、展板、展台、家具等来划分室内空间，并且适用于使用功能需要经常变化的建筑。这种分隔方式一般多用于博物馆、美术馆、展览馆的展厅。

如图 5.14 所示的德国卡尔斯鲁厄艺术和传媒技术中心由原来庞大的军工厂改造而成。改造的总原则是尽可能不作结构上大的改动，尽量保持这座旧工业建筑的原始风貌。由于需要在军工厂改造中使用新的功能，设计师在原有的空间内，新增建了一个内部空间较大的多功能厅，并通过管道设施将其与既有建筑相连。多功能厅是一个"蓝色正方体"，其中有一个可调节的外部是金属镶嵌双层玻璃板的演出空间，内部涂料呈蓝色，与既有建筑的粉墙红瓦形成了鲜明的对比，新的室内空间以全新而夺目的姿态附属于旧工业建筑外壳之中，其鲜明的风格、大胆的设计使该中心有了别具一格的独特"个性"。

图 5.14　德国卡尔斯鲁厄艺术和传媒技术中心

（3）中庭的整合

工业建筑，特别是重工业建筑由于生产、加工的需要，室内空间大多数都有较大的跨度和较广的进深，而大跨度、广进深的厂房中部自然采光难度较大，面对这种情况，可以在改造时加入中庭，创造出比较灵活的使用空间，弥补旧建筑中央部分采光不足的缺陷。

如图 5.15 所示的 798 悦美术馆，在高跨度的空间中增加中庭走廊的方式是悦美术馆的特色，设计的目的在于增加了空间的灵活性和层次感，也让具有一定高度的空间有更切实的使用效率和空间利用率，同时也提高了室内空间的视觉品质。

(a) 内景一　　　　　　　　　　　　　　　　　　　(b) 内景二

图 5.15 增加中庭空间

（4）内部空间合并

当新的使用功能需要的空间比旧建筑既有空间大的时候，有必要通过拆除部分楼板或隔墙将较小的空间合并成适应新功能的较大的空间。建筑师在将工业遗迹改造成休闲场所或现代艺术品场所的时候，在设计时通常会考虑保留建筑的主要承重结构，拆除部分楼板，使原来的两层合并为一层，增加室内空间的高度和空间感，如图 5.16 所示。

（a）外景一

（b）外景二

图 5.16 内部空间合并

（5）新旧空间衔接

新旧空间的衔接是指当旧工业建筑的本体空间无法容纳或者适应所需要的新功能时，设计中采用把若干独立的个体链接或者联合起来成为新的整体，通过延续与完善旧的空间，使新的空间功能能够适宜于新的需求。在既有旧工业建筑室内空间的基础上增加了新的室内空间，这种设计手法易于突破既有建筑空间的局限，在空间形式、界面的材料处理上更加灵活。此外还能够形成诸如庭院等新的空间形式，丰富了建筑的空间水平。链接时，不同的空间可以采用串联或者并联的方式，当然也可以通过庭院进行空间的重新组织，具有灵活多样的形式。

1）利用垂直链接进行扩建或加建

新旧空间的垂直链接是通过加建或扩建旧工业建筑竖向的方式来适应新旧功能的转变。如在室内空间需要的地方进行对顶部增加活动区域或拓展地下活动空间等。

①顶部加建

在不改变原有承重结构的条件下，对活动空间的顶部增加适当的面积区域，成为增加室内空间使用面积的有效改造方法。顶部的加建，必然导致建筑外观的整体受到一定的影响，若对建筑外观有严格要求，那么这一改造手法需谨慎。

②地下增建

在对旧工业建筑进行改造却又不能破坏既有建筑外观的情况下，且在地上空间不能满足使用要求或者对既有建筑的风貌保护比较严格的时候，可以考虑发展地下空间，尤其在一些大的空间结构的建筑物中最为适用。同时由于开发地下空间对既有建筑的布局、风貌影响最小，因此在重要的历史保护性建筑中许多建筑设计师多采用这种方法，如图 5.17 所示。

2）利用中庭或入口的水平链接

改造旧工业建筑室内空间时，采用中庭或入口的方法，对空间进行水平扩建是新旧空间链接的一种手法。它提供了一种妥善处理二者之间关系的新方法，利用中庭或入口灵活多变的空间特点，巧妙地融新旧于一体。在改造中，若是对旧工业建筑的室内空

图 5.17　利用楼梯衔接

间进行部分加建，则在新旧空间结合的位置设立中庭或入口，作为室内空间的交通枢纽，同时解决了建筑功能和建筑形象之间的矛盾，使新旧建筑链接后具有统一的完整性。

新旧空间的衔接要注意的是：由于新增的空间体量较小，所以外观设计上要与旧建筑的风格一致；改造时尽量不要破坏旧建筑的外观；新增室内空间与原有室内空间之间在设计时要注意相互的衔接与过渡，使之成为一个既互相联系又有各自特色的有机整体。

5.2.2　局部空间重构

旧工业建筑室内局部空间的布置是为了保留原建筑的外墙面，并根据新的功能要求在原有室内空间的基础上重新构筑内部的局部空间系统。局部空间的重构因其规模小、时间短、见效快、便于操作等优势被广泛地运用。建筑师和设计师在改造手法上往往追求灵活、多样化和生活化的主题，突出设计中的亮点，最大化地利用改造后的旧工业建筑。局部室内空间重构应遵循的原则如图 5.18 所示。

图 5.18　局部布置原则

（1）局部增建的方式

1）插入新空间

新的功能必然会对旧的室内空间提出新的要求，有时就需要在既有的旧建筑之间加建新的功能空间。插入的新空间中最常见的空间有：楼梯、走廊、门厅和中庭等。安特卫普码头住宅的实践就是 19 世纪仓库改造成现代化五口之家公寓的经典案例。

原有许多仓库在安特卫普码头，但在 20 世纪中期后，随着航空运输业的快速发展，安特卫普的海运业务急剧下滑，随后出现了大量闲置的旧工业建筑。为了再生利用这些闲置的旧工业建筑，迈耶在 20 世纪 80 年代对安特卫普地区做了一个总体规划设计，认为旧工业建筑应结合当地情况进行改造。根据这一规划设计,码头附近的许多仓库都被改造成住宅。根据仓库具有结构特殊、厚重的木材和高大的空间的特点以及业主的要求,设计师设计了一系列的照明系统、夹层、连廊、楼梯、管道等,在水平竖直方向上将开阔的单一空间进行分割,创造出许多具有不同功能的独立小空间,显示出轻巧、灵活和多样化的效果,达到了有效利用、业主满意的要求。

2)局部加建

根据室内空间新的功能要求,在原建筑的室内上方或室内中间增加一个新的功能空间。由于局部加建的部分涉及整个建筑物受力的变化,首先需要对整个建筑的结构情况进行分析,对局部加建而使整个建筑物受力变化的影响进行精确验算,若局部加建不会对原建筑带来危险时,才能采取相应的加建措施进行加建。采用垂直加建的方式虽然能在原建筑的基础上添加建筑空间,但这种扩建方式不仅改变建筑的形态和轮廓线,同时由于在原结构上增加了荷载,因而对建筑的结构有较高的要求。

如图 5.19 所示的北京 798 艺术区的凯旋艺术空间的改造设计。根据新的功能需求,在既有的室内空间中增加了一个新的空间,再通过楼梯实现空间与空间之间的衔接,创造新的交通路线,让新旧空间和谐的连接起来,形成一个完整的空间。

图 5.19　局部增加

(2)局部拆减的方式

空间再生的目的可以通过利用空间的加减法和改变局部建筑结构来实现。室内空间局部拆减使得空间跨度更大,这为重新设计室内空间提供了更大的操作空间,并提高了室内空间的利用率。如图 5.20 所示的由奥塞车站成功改造的博物馆,充分说明了局部拆减的方式在室内空间改造中的运用。在对奥赛车站改造时,充分发挥了室内高空间的价值,更新内部空间,以满足展厅的使用价值。

(a) 内景一   (b) 内景二

图 5.20　奥塞博物馆

在室内空间改造中，运用局部拆减的方式也可将其理解为拆减后的"少"不是空白，而是简单精致。要满足改造空间的功能，室内空间的规划不应过于复杂烦琐，应以简洁流畅的线条、巧妙的构思、精美的布局，满足其使用功能的要求，扮靓室内空间。

5.2.3　内部细节设计

旧工业建筑内部空间中既有的构造细部设计、材料、设备和风格寓意着建筑过去的功能特征与时代风格，因此其内部空间环境的再创造结合并协调了新元素，使改造后的建筑空间具有独具一格的时代特色和文化特色。

（1）材料利用

建筑材料是空间性能表达的重要元素之一。新旧材料相辅相成，二者的结合对于营造特定空间氛围意义重大。工厂内的旧材料具有一定的历史和沧桑感，并具有不可替代的特点。然而，新材料本身具有简洁和现代的特点，因此有必要解决新旧材料共存的问题。在考虑其安全性、经济性和建筑美学性的同时，形成了独特的视觉冲击力。

1）砖、混凝土、木材

砖（如图 5.21 所示）与混凝土（如图 5.22 所示）给人以沧桑之感，质地比较粗糙，感觉比较厚重；而木材（如图 5.23 所示）给人以宁静之感，质地比较光滑，感觉比较轻盈。在对废弃工业建筑内部空间进行改造时，这三种材质通常予以保留，并对其进行清理和修理。在此过程中，更多的注意力应集中在历史的真实性和可识别性上，并使材质的原貌重新被暴露出来，与现代材料构成时代之间的对话模式。

2）金属材料

21 世纪大空间时代的到来，以钢材为代表的金属材料（如图 5.24 所示）随着现代建筑的发展，已被广泛应用在室内空间的装饰中。在旧工业建筑的改造中，由于工业建筑特殊的使用功能，以大跨度型的工业厂房居多，钢材的优越性在一定程度上取代了砖、石、木材等传统材料，从而给建筑带来崭新的空间形态。金属材料充分体现了现代的技术美

(a) 外立面一

(b) 外立面二

图 5.21 砖结构

图 5.22 混凝土结构

图 5.23 木结构

(a) 构造一

(b) 构造二

图 5.24 钢结构

学和建筑美学的特点，其光滑的质感与古老的肌体形成了对比和融合。金属材料还具有明显的工业特性，它结合了不同的金属，以反映不同的时代感。

3）玻璃

玻璃作为一种建筑装饰材料普遍被使用，其特点是透明性和透光性较强。随着社会的发展和建筑行业的需要，玻璃材质的发展也朝着多功能化的方向发展。通过光线的折射和反射控制光线的强弱；玻璃的厚薄程度和隔离紫外线的指数可调节室内温度；玻璃的厚度可以减低噪声污染；磨砂玻璃和装饰玻璃可以提高建筑室内空间的艺术装饰等功能，是旧工业建筑中不可缺少的建筑材料，如图 5.25 所示。

（a）内装饰一　　　　　　　　　　　　　　　（b）内装饰二

图 5.25　室内玻璃装饰效果图

（2）光照处理

建筑的照明设计是室内空间设计的重要环节，对旧工业建筑内部空间改造设计也是如此。从目前来看，我国对旧工业建筑内部空间改造设计的研究还没有深入到环境再创造的细节之中，因此对照明设计的讨论还不够深入。由于工业建筑内部空间的特殊需求，原先的采光和照明设计仅服务于工业生产，对于废弃的工业建筑室内采光，有必要根据新的空间环境进行重新设计。适当的照明设计既可以解决功能问题，又可以烘托气氛，营造室内空间的形象，从而营造出有趣的空间效果。自然采光和人工照明是室内空间照明设计常用的两种方法。

1）自然采光

自然采光在旧工业建筑内部空间设计中应受到特别关注，如非承重墙体上的天窗和照明窗的设计，即顶部采光和垂直面采光。顶部采光能反映建筑物的深度且便于控制，而垂直采光实施简便但要处理好采光口形式。我国工业建筑的垂直采光很难满足新功能空间的使用要求，需要对其进行再生利用改造，在改造的过程中，应充分利用柔和的自然光。改造后的窗户不仅需要满足新功能的需要，还要塑造内部的空间氛围，同时为人们提供舒适的视觉环境，避免眩光，发挥节能环保的作用，如图 5.26 所示。

2）人工照明

人工照明是对自然采光的一种有效补充，包括两方面：一是普通的人工照明，二是可以烘托渲染建筑内部空间的特殊照明系统，如图 5.27 所示。相对于自然采光来说，人工照明易于控制，受天气影响较小，且照明方式、灯具的种类及光线的颜色便于选择。

因此，在设计室内空间照明时，有必要根据不同的功能划分来阐明每个区域的照明标准。例如德国的某设计中心的前厅是由锅炉厂房改建而成的，其原建筑内光线昏暗，在改造过程中，设计师巧用了灯光效果并刻意强调了场内生锈的钢结构和裸露砖墙的构造，从而更加突出自身工业化的痕迹。通过案例分析，可以看出设计师主要考虑如何创造独特的室内空间效果。对于室内空间人工照明的改造设计，我们可以借鉴国外建筑师灵活的技巧与手法，力求达到形式与功能的完美结合。

(a) 内景一

(b) 内景二

图 5.26　自然采光内部氛围图

(a) 效果一

(b) 效果二

图 5.27　室内灯光的氛围营造

（3）色彩应用

在旧工业建筑室内空间改造利用的设计中，室内颜色的选择应基于对建筑自身状况的综合考虑；在保持背景颜色一致性的基础上，合理的匹配新旧部分的色彩关系，也可以根据室内不同的风格，采取特殊的处理手法；同时适当的重点色也可以形成内部空间的亮点。

如图 5.28 所示的旧工业建筑改造成的展示空间中，墙面是整个室内空间的主体部分，设计师大胆使用亮蓝色作为墙面，配对柔和的暖光灯，使得气氛非常清爽宜人。

图 5.28　蓝色墙面

　　墙面是室内空间中不可或缺的一部分,它决定了室内空间的颜色。当缺乏光照条件时,可以使用活跃和明亮的颜色来增加整个空间的亮度;当需要营造特殊室内氛围时,墙面装饰的特殊技术可以和人工照明相结合。如图 5.29 所示的设计手法,将玻璃材质与自然的背景结合起来,作为大墙面的颜色。

(a) 色彩一　　　　　　　　　　　　　　　　(b) 色彩二

图 5.29　室内空间色彩

5.3　绿色节能

　　建筑物属于能源消费密集类型,并且在建筑物建造过程中,需要消耗大量水泥、钢材、塑料、玻璃等材料,这些材料在生产过程中消耗了大量能源,另外,在建筑物使用过程中,采暖、照明等同样也需要大量能源。旧工业建筑一般建设年代较早,建造时期由于人们建筑节能观念不深,国内也没有相应规范,再加上多年的使用,往往旧工业建筑的耗能都非常大。因此再生利用过程中,采取节能措施是相当必要的。

5.3.1　围护结构的节能改造

在整个旧工业建筑的运行能耗中，外围护结构的传热耗量约占总能耗量的73%～77%。如果以 100% 作为基数，那么外墙的传热量约为 25%，门窗的传热量约为20%，屋顶和地面能耗约为 36%，空气渗透量能耗约为 13%。因此，进一步增强绿色节能技术在外围护结构改造中的应用，在降低旧工业建筑的能耗损失中可起到极其重要的作用。

旧工业建筑的外围护结构采用绿色节能技术是旧工业建筑节能改造的重要组成部分。外围护结构节能的原理就是合理地采用节能材料，通过各种技术手段来改善旧工业建筑外围护结构的各个构件的热工性能，从而达到冬季保温，减少室内热量流出；夏季隔热，减少室外热量进入的效果，进而减少冷、热消耗。根据地域的差异，在北方地区要提高保温性能，而在南方地区，应优先考虑提高外围护结构系统的隔热性能，使得旧工业建筑保持适宜的温度进而满足舒适度的要求。此处分别从外墙、门窗、遮阳系统、屋面的绿色节能改造技术进行探讨和分析。

（1）墙体节能改造

旧工业建筑外墙保温技术，本身就是一种复合墙体的改造技术，用原来的外墙结构与高效的保温材料复合，组成复合墙体。根据保温材料所处的位置不同，加强既有的旧工业建筑墙体的保温性能，有三种主要的保温形式：外墙外保温、外墙内保温、外墙夹芯保温，这三种保温墙体的技术性能比较见表 5.1。

三种保温墙体技术性能比较　　　　　　　　　　　　　　表 5.1

比较 \ 类型	外墙外保温	外墙内保温	外墙夹芯保温
结构 （由内至外）	墙体结构层 保温绝热层 抗裂砂浆层、网格布 柔性腻子层 涂料装饰面	面层 保温绝热层 墙体结构层	①现场施工：将保温层夹在墙体中间 ②预制：在钢筋混凝土中间嵌入绝热层
主要优点	①使用范围广； ②能保护主体结构，增加建筑物的使用年限； ③基本消除热（冷）桥，绝热层效率可达 85%～95%； ④可增加外墙的防水性和气密性； ⑤改善墙体的潮湿情况； ⑥不减少室内使用面积； ⑦室内热舒适度较好，对承重结构不造成危害； ⑧对新建建筑及改造建筑都适用	①室内施工，技术要求低； ②不破坏建筑外部形象； ③施工便利，不受气候环境影响； ④绝热材料在承重墙内侧，强度要求低； ⑤造价较低	①对保温材料要求不严格； ②可代替加气混凝土砌块作为填充结构； ③绝热性能相对于内保温技术高，绝热性能达到 50%～75%； ④对施工季节和施工条件的要求不高，不影响冬期施工。在严寒地区可以正常应用； ⑤造价较低

续表

比较 \ 类型	外墙外保温	外墙内保温	外墙夹芯保温
主要缺点	①对保温材料要求高； ②施工受到气候环境的影响限制； ③提高了保温材料的耐久性和耐候性； ④加大了配料难度，要求有较高的防火性、透气性、抗震性、抗风压能力、抗裂性、拒水性； ⑤要求有专业的施工队伍、精湛的技术支持，施工要有较高的安全措施	①不能彻底消除热桥，内表面易产生结露； ②建筑外围护结构不能得到保护； ③室内的有效利用面积较少； ④防水和气密性较差； ⑤由于室温波动大，对墙体结构产生破坏作用，缩短建筑物的使用寿命	①墙体较厚，减少室内使用面积； ②保温层位于两层承重刚性墙体之间，抗震性能较差； ③容易产生热桥，削弱墙体绝热性； ④外侧墙片受室外气候影响大，容易造成墙体开裂和雨水渗漏； ⑤施工相对困难，内、外墙之间需要连接件

内保温技术对于新建的建筑来说没有问题，但是对于旧工业建筑的改造，在墙体上直接增加保温材料有一定的困难，而且多数旧工业建筑需要保留现状，对墙体不能有大的改造。比如世界著名建筑师赫尔佐格在改造设计西门子公司办公用房的外墙时，采用了一种透明的、可自然降解的塑料薄膜，将室内从下部窗框以上整个包围起来，薄膜和墙面、屋顶间留有间距形成了空气保温层。

在实际的旧工业建筑改造工程中，夹芯保温技术一般不适用，而外墙外保温技术与外墙内保温技术相比有明显的优势，使用同样尺寸、规格和性能的保温材料，外保温的保温效果比内保温好，构造技术更合理，节能效果更好。

采用外保温技术的墙体可以提高内表面的温度，也能得到舒适的室内热环境，这对于旧工业建筑冬季采暖不足的改造来说是非常有利的。同时由于内部墙体热容量较大，室内可以蓄存更多的热量，使由于间歇采暖或太阳辐射所造成的室内温度变化减缓，有利于室温的稳定。而在夏季，室内温度较高，采用外保温技术能大大减少太阳辐射热的进入和室外高气温的影响，降低室内空气温度和外墙内表面温度，这对于以自然通风降温为主的厂房来说，是非常重要的。如图 5.30 就是外墙外保温改造前后的结构图。

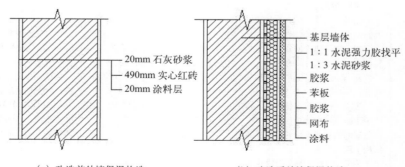

（a）改造前外墙保温构造　　　　（b）改造后外墙保温构造

图 5.30　外墙外保温改造

（2）屋面节能改造

屋面是旧工业建筑最上层的覆盖外围护结构，它的基本功能就是抵御自然界的不利因素，使得下部的空间有良好的使用环境。大量闲置的旧厂房结构老化、保温性能差、通风采光性能不良，对屋面进行改造就是有效改善室内环境的舒适性，增加屋面的保温隔热性能。

屋面的改造方法很多，主要有：倒置式保温屋面（具体做法如图 5.31 所示）、种植屋面（屋顶绿化）、蓄水屋面、屋面通风、太阳能屋面等内容，见表 5.2。

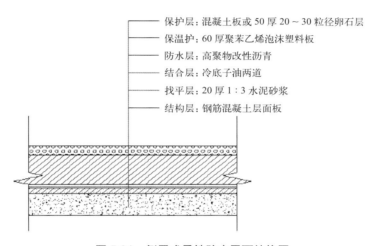

保护层：混凝土板或 50 厚 20～30 粒径卵石层
保温护：60 厚聚苯乙烯泡沫塑料板
防水层：高聚物改性沥青
结合层：冷底子油两道
找平层：20 厚 1：3 水泥砂浆
结构层：钢筋混凝土层面板

图 5.31　倒置式柔性防水屋面结构图

几种常见屋面改造形式及其特征　　　　　　　　　　　　表 5.2

类型	做法	特点
倒置式保温屋面	将保温隔热层设在防水层上面。主要的隔热材料有 XPS 板、EPS 板等	保温层在防水层之上，防水层受到保护，可以延长防水层的使用年限；构造简单，避免浪费；施工简便，便于维修
蓄水屋面	在屋面荷载允许的情况下，在刚性防水屋面上蓄一层水，利用水的蒸发和流动将热量带走，减弱屋面的传热量、降低屋面内表面的温度	在混凝土刚性防水层上蓄水，可以改善混凝土的使用条件，避免直接暴晒和冰雪雨水引起的急剧伸缩；长期浸泡在水中有利于混凝土后期强度的增长

（3）门窗节能改造

门窗是围护结构的组成部分之一，虽然门窗的面积只占围护结构的 25% 左右，但是门窗的绝热性能最差，与墙体相比，门窗是室内热环境质量和建筑能耗的主要影响因素，是保温、隔热与隔声最薄弱的环节。传统的门窗保温性能比墙体部分保温性能差很多，而且由于旧工业建筑的门窗年代久远，出现的老化现象导致了能耗加大，严重影响了室内的舒适度。因此，门窗的绿色节能改造是节能改造的重点。

窗的制作材料与工艺对门窗热工性能的影响很大，门窗的节能主要取决于窗的传热系数和气密性。旧工业建筑的窗框材料一般采用有木材、钢、混凝土等，外窗普遍存在传热系数大与开窗面积过大的问题。旧工业建筑的门窗玻璃常常采用的是单层钢窗镶嵌普通玻璃，且缝隙不严。门窗和空气渗透损失的热量大约占建筑物热损失的一半。因此在旧工业建筑门窗的改造中，应合理地选择材质和新型节能门窗，降低传热系数，提高气密性。

1）玻璃类型

玻璃的选择对节能来说至关重要。当前建筑市场的玻璃品种繁多而且性能各异，根据性能分为透明玻璃、吸热玻璃、热反射玻璃、低辐射玻璃等，而各种玻璃又可以制成中空玻璃，其特点见表5.3。

几种不同玻璃的节能特点　　　　　　　　　　　　　　　表5.3

类型	做法	特点
透明玻璃	普通的玻璃生产方法	价格便宜，但保温节能等效能差
吸热玻璃	吸热玻璃（又称彩色玻璃）通过在玻璃中添加一些元素，比如金属离子或某些物质而形成	能够对太阳辐射进行吸收，但是它吸收的热量仍然有一部分进入室内。吸热玻璃吸收热量和隔热效果成正比，与透光能力成反比，所以吸热玻璃会影响室内的采光。在使用吸热玻璃时应该权衡隔热效果和透光需求
热反射玻璃	热反射玻璃是在玻璃表面镀金属薄膜形成	热反射镀膜玻璃具有单向透视性，迎光面具有镜面反射效果，而背光面则可以透视。但是，反射玻璃在反射太阳辐射的同时，可见光的透射也受到了影响，可见光透过率为8%～40%，不但造成室内的采光不好，而且影响了冬季热能的获得。但是在光照强烈的炎热地区，它的隔热效果却是非常出色的，所以适合夏热冬暖的地区
低辐射玻璃	低辐射玻璃通过在玻璃表面涂抹一定的物质形成	能有效降低玻璃的传热系数，节能效果很明显。而且低辐射玻璃与热反射玻璃相比，不会过多地限制可见光的透射，透射性能比较好，即使增加窗户的面积也不会造成不必要的热量损失。并且低辐射玻璃具有光谱选择性，可以根据需求，在制造的过程之中调整工艺流程来生产出不同光学性能的产品
中空玻璃	通过各种玻璃制成	中空玻璃具有更高的热阻性能，能有效地防止室内外温差引起的热传导，具有很高的保温性能，尤其适合在北方地区使用

2）门窗的节能改造做法

型材和玻璃是门窗的主要材料，对门窗的导热性能有决定性影响。为了提高门窗的保温性能，门窗的型材通常采用隔热铝合金型材、隔热钢型材、木—金属复合型材、玻璃钢型材等。

对于旧工业建筑外窗玻璃的节能改造，主要可采用Low-E玻璃、中空玻璃、镀膜玻璃、加装双层窗等，见表5.4。

外窗节能改造做法　　　　　　　　　　　　　　　　　　　　　　表 5.4

类型	方法	特点
Low-E 玻璃	将原玻璃改成 Low-E 玻璃	隔热性能好、遮阳系数好，但开窗时不能起到遮阳的效果
中空玻璃	将原单层玻璃改成中空玻璃	造价低、工期短、施工方便，但会产生建筑垃圾
镀膜玻璃	在原玻璃上贴一层热反射膜	隔热性能好，但开窗时不能起到遮阳的效果
双层窗	在原窗内侧增加一道玻璃	传热系数能减小一半以上，施工方便，但受到原墙体的影响

（4）遮阳节能改造

很多的旧工业建筑都缺少遮阳设施或者遮阳设计不当，导致室内眩光或者得热过度，这使人体产生不适并且消耗大量的空调费用。一个好的遮阳改造可以节省建筑 30% 以上的能耗。

旧工业建筑遮阳的位置、材料和形式等因素都会影响建筑室内的热环境和光环境。对建筑采取遮阳改造，可以避免夏季旧厂房建筑物室内吸收过多的太阳辐射热而导致室内过热，并防止太阳光直接照射而造成强烈眩光，从而有效降低建筑能耗，改善室内的舒适度。

1）建筑自遮阳

利用建筑物自身形体的变化或者构件本身形成遮挡，使得建筑局部表面置于阴影区域之中。形成自遮阳的建筑形体与构件主要有：建筑体型凹凸错落变化、建筑屋顶挑檐、外廊出挑、雨篷等。西安建筑科技大学华清学院的一、二号教学楼就是应用此方法。

2）遮阳构件

按照遮阳的适应范围，建筑遮阳构件的基本形式可以分为五种类型：水平式遮阳、垂直式遮阳、综合式遮阳、挡板式遮阳以及百叶式遮阳，见表 5.5。

遮阳构件的基本形式　　　　　　　　　　　　　　　　　　　　　表 5.5

基本类型	遮阳范围	适用范围	特点	示意图
水平式	能有效地遮挡高度角较大的，从窗口上方投射下来的阳光	宜布置在南向及接近南向的窗口上，或者在北回归线以南北向及接近北向的窗口上	合理的遮阳板设计宽度及位置能非常有效地遮挡夏季日光，而让冬季日光最大限度地进入室内	
垂直式	能有效地遮挡高度角较小的，从窗侧面斜射过来的阳光	在东北、西北向墙面上设置比较理想	夏季太阳在西北方向落下，所以建筑物北面傍晚如果有遮阳需要的话，垂直式遮阳是很好的选择	

续表

基本类型	遮阳范围	适用范围	特点	示意图
综合式	能有效遮挡中等太阳高度角从窗前斜射下来的阳光，遮阳效果均匀	适用于从东南向或西南向窗口遮阳，也适用于东北或西北向窗口遮阳	可调节的综合式遮阳有更大的灵活性，上下水平遮阳和左右垂直遮阳可以根据环境和需求倾斜角度	
挡板式	能有效地遮挡高度角较小的、平射窗口的阳光	主要适用于东向、西向或接近该朝向的窗户	对视线和通风阻挡都比较严重，宜采用可活动或方便拆卸的挡板式遮阳形式	
百叶式	可以适用于大部分朝向的遮阳	适用于大部分朝向的遮阳	有较大的灵活性，适合各个朝向的遮阳	

综合各种因素的考虑，如果改造对于通风和视线有要求，那么对于南向，水平式遮阳有效；对于东西向，垂直式遮阳更有效。

5.3.2 清洁能源的利用

（1）太阳能利用技术

我国拥有丰富的太阳能资源，并且太阳能的利用越来越受到重视，在旧工业建筑的改造中常常通过辅助地采用太阳能技术来减少不可再生能源的消耗。当前在旧工业厂房改造中，太阳能的利用方式主要有主动式和被动式两种。

1）主动式太阳能利用技术

主动式是利用太阳能集热器来运行太阳能采暖系统、太阳能热水系统和太阳能空调系统。太阳能集热器是太阳能利用系统中主要的功能构件，太阳能集热器可分为两大类——平板型集热器、真空管集热器。根据不同的需要，用太阳能集热器可以组成不同的系统，主要有：太阳能热水系统、太阳能采暖系统、太阳能光伏系统、太阳能空调系统，为改造后的建筑物提供生活用热水、室内供暖、光伏发电、空调制冷等。

太阳能光伏发电系统是利用太阳能光电板将太阳辐射热直接转化为电能后供人使用的一种太阳能利用形式。一般是在旧工业建筑的外围护结构上配置光伏设备，产生的电能直接供一些用电设备使用。

在旧工业建筑改造时，我们要保证太阳能系统的应用与工业建筑的改造保持一体化，将太阳能利用纳入整个建筑整体中，保证建筑风格的统一。利用太阳能设施可以完全或者部分取代建筑的外围护结构，例如太阳能光电光热屋顶、太阳光电玻璃、太阳能电力墙等。

2）被动式太阳能利用技术

被动式利用太阳能力求以自然的方式获取能量，优点是结构简单、造价较低、施工方便。天然采光是对太阳能的直接利用，太阳光是数量充足、高效而且免费的光源，我们可以应用各种采光、反光、遮光设施，将人类习惯的自然光源引入到室内并合理利用，这样不仅节约能源，还可以减少我们生活空间的污染。天然光可以直接影响室内的光环境和热环境，在旧工业建筑改造中充分利用天然采光具有实际意义。

在旧工业建筑改造中比较有效的利用天然采光的办法有：增大采光口面积、反光板采光、光导管采光。

①增大采光口面积

一般来说，增大采光口（屋顶、侧窗）面积是增加室内采光量最行之有效的办法，但是要结合改造后的功能要求合理地设计采光口的数量和大小，而且在使用屋顶采光时，要注意避免引发室内温度过高的问题。这种改造方法适用于进深不是特别大的旧工业建筑，对于进深大、跨度大的旧工业建筑，需要考虑加天窗或者高窗，否则会造成窗墙比例不协调、建筑造型呆板的问题。地下室可以通过设置自然采光来达到白天辅助照明的效果，比如深圳南海意酷三号楼改造把一层楼架空作为停车库，原外墙扩建，车库屋顶采用覆土种植和水池，水池透明使得停车库白天有部分区域可以自然采光。

②反光板采光

传统的天然采光主要是利用天空扩散光，但是对于进深较大的旧工业建筑，扩散光不能满足室内深处的照明要求。反光板是利用光线反射的原理来调节进入室内的阳光来达到改善室内天然光环境的目的，一般被用来遮阳和将反射的光线引入到旧厂房的顶棚，以防止反光板表面的眩光对人眼的刺激。反光板通常安装在眼睛高度以上，是在采光口的内部或者外部的水平或者倾斜的挡板，如图 5.32 所示，如果位于窗户的外部，那这个反光板兼有遮阳板的功能，为下面的玻璃充当挑檐的角色。不仅如此，宽大的挑檐、宽敞的窗台及浅色的地面或者屋顶，都可以充当反光板的作用。

③光导管采光

光导管采光（太阳能光导管）分为主动式和被动式两种，主动式光导管的聚光器采光方向总是向着太阳，最大限度地采集太阳光，但是由于此采光器工艺技术高，价格昂贵而且维护困难，在

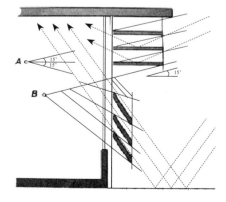

图 5.32　外置反光板示意图

旧工业改造中很少采用。被动式太阳能光导管分为采光部分（采光罩、集光器）、导光部分（光导管）和散光部分（散光片、漫射器），采光罩和光导管是连接固定在一起的，安装之后不能移动。光线通过采光罩采集之后，再经过光导管的反射，最终通过散光片均匀地分散到旧工业建筑的内部。实际的旧工业建筑改造中应用较多的是被动式太阳能光导管。

（2）风能利用技术

风能的利用主要是通过通风系统来实现，建筑常见的通风方式主要有：自然通风、机械辅助自然通风，应用这两种通风方式是一项较普遍且低成本的技术措施。自然通风就是利用自然的手段（风压、热压）来促使空气流动，引入室外的空气进入室内来通风换气，用以维持室内空气的舒适性。

1）风压通风

风压通风是风在运行过程中由于建筑物的阻挡，在迎风面和背风面产生压力差，由高压一侧向低压一侧流动，由迎风面开口进入室内，再由背风面的孔口排出，形成空气对流。所谓的"穿堂风"就是一种典型的风压通风，如图 5.33（a）所示。

2）热压通风

热压通风的原理就是我们常说的"烟囱效应"。由于室内外的温度差，空气密度存在差异，被加热的室内空气由于密度变小而上浮，从建筑上方的开口排出，室外的冷空气密度大从建筑下方的开口进入室内补充空气，促使气流产生了自下而上的流动，如图 5.33（b）所示。热压通风适用于室外风环境多变的地区，而且要保证室内外温差和进出口高差其中一个因素足够大，才可能实现。

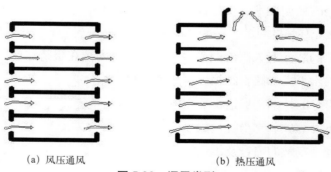

(a) 风压通风　　　　　　　　(b) 热压通风

图 5.33　通风类型

3）风压和热压组合式通风

一般地，在旧工业建筑的改造中，风压通风和热压通风常常是互相补充的，在旧工业建筑进深较大的部位采用热压通风，在进深小的部位采用风压通风，从而达到良好的通风效果。

5.3.3　建筑环境的绿化遮阳

（1）绿化遮阳

为了达到外墙绿化隔热的效果，旧工业建筑的外墙在向阳方向大面积被植物所遮挡。常见的有两种方式：一种是在外墙上种植攀缘植物来覆盖墙面，如图 5.34 所示的旧工业厂房改造后的外墙；另一种是在外墙的外侧种植密集型树木，用树荫遮挡阳光，如图 5.35 所示的广州信义国际会馆渔歌唱晚外墙。

图 5.34　外墙攀缘植物遮阳

图 5.35　密集型树木遮阳

为了不影响厂房在冬季日照的要求，南向的墙体适宜种植落叶型植物，在冬季叶子会脱落，使得墙体暴露在阳光之下，吸收太阳能并向室内传递，使墙体为太阳能集热面，节约常规的采暖能耗。在建筑的附近或者上面种植树木、灌木、攀爬植物以及一些建筑结构如藤架、梁，植物枝叶可以在夏季遮挡太阳辐射，落叶乔木遮阳可以兼顾冬夏两季的不同需求，夏季茂密的枝叶可以遮挡阳光，冬季温暖的阳光可以穿过稀稀疏疏的枝条射入室内。这些植物适宜种植在建筑的东西两侧，夏季最热的时候，植物遮挡的墙体表面温度可以降低约 $12 \sim 15℃$。

外墙绿化隔热具有良好的隔热性能，但是其自身也有缺点，想要达到遮阳隔热的效果也并非易事。一般情况下，植物生长需要的时间比较长，而且遮阳面积也比较大，植物的生长期较长，比如爬墙植物从种子地面生长到布满约三层楼高的厂房外墙大概需要 5 年。绿化墙对于南方夏季较长的城市降低太阳辐射是一种很有效的方式，但对于北方夏季较短的厂房改造仍不太适宜，因为夏季有效期相对比较短，不太经济。

为了快速达到遮阳效果，减少外墙绿化效果的形成时间可以从外墙伸出种植构件，预先培育植物进行移栽，比如深圳南海意库外墙改造就是采用此方法。

（2）种植屋面

种植屋面是辅以种植土、在容器或种植模板中栽植植物来覆盖建筑屋面或地下建筑顶板的一种绿化形式。提到种植屋面，人们往往把它理解为屋顶花园的同义词，实际上涵盖在其中的不仅仅是屋顶的庭院或花园。还包括其他多种形式。从广义上讲，种植屋面是指在各类建筑物、构筑物的屋顶、露台、天台及阳台等进行的人工绿化。对于旧工业建筑的再生利用来说，可根据改造后的形式选择种植屋面的具体位置。

在屋顶种植绿化，可利用植被茎叶遮阳，吸收照射到屋面的太阳辐射，利用植物叶面的蒸腾作用增加蒸发散热量降低屋面温度，这种方式具有良好的夏季隔热、冬季保温特性和良好的热稳定性，并且美观、环保，对周边的环境有益。种植屋面与普通屋面的室内温度差可达 2.6℃。

5.3.4 资源的循环利用

（1）水资源的利用

由于时代的因素，大量的旧工业建筑在建设之初基本没有考虑水的综合使用问题，消耗大量的自来水。在旧工业建筑改造中采用水资源再利用系统显得尤为重要。在具体的改造上主要有：雨水的利用、污水的处理、节水器具的使用。可以针对不同的使用用途，利用不同的水，比如绿化、洗车、冲厕可以使用无害化处理的循环水。

1）雨水利用

旧工业建筑有比较规整的屋面体系，这有利于雨水的收集。雨水的收集主要有两种方式，一种是在散水外侧地面以下的区域设置隐蔽的雨水收集沟渠，另一种是在屋檐下边直接安装雨水收集设备。由于受到季节和地域的影响，雨水收集具有不稳定性。所以在雨水量充沛的南方地区，旧工业建筑改造中雨水是非常有利用价值的资源。收集到的雨水通过净化处理之后，可直接用于绿化和冲厕等，还可通过雨水的渗透直接补充地下水，具体的雨水收集原理如图 5.36 所示。

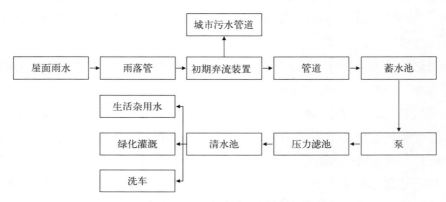

图 5.36　雨水收集原理图

2）中水利用

中水就是污水（生活用污水、优质杂排水）净化处理之后达到一定标准的非饮用水。可用作冲厕用水、景观用水、绿化用水、洗车等。如图 5.37 为中水利用的原理图。

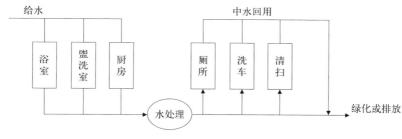

图 5.37　中水利用原理图

3）节水装置器具

旧工业建筑改造时，在选择用水器具时要考虑它们的节约性，比如采用节水的灌溉设施、采用节水龙头、节水便器等。

（2）建筑垃圾的循环利用

促进城市建筑垃圾综合利用，实现经济、生态和社会效益的同步协调发展，是未来城市建筑垃圾处理的主要发展方向。旧工业建筑的改造过程中不可避免地会产生建筑垃圾，例如对某些构件的拆除、改建等，因此对再生过程中的建筑垃圾再利用处理同样也十分必要，这将有助于从根本上解决城市建筑垃圾问题，改善城市卫生环境，节约资源。可作为再生资源利用的建筑垃圾有：

1）废旧金属建材经分选回收后加工制造成各种规格的钢材；

2）砖、石、混凝土等废料破碎后，可用于铺设砂浆、抹灰砂浆和混凝土垫层，精细粉碎后的混凝土砌块材料与标准砂混合后，可作为抹灰细骨料用于墙面抹灰，屋面砂浆找平，砌筑砂浆，铺砖等。

3）将碎砖粉碎后用于建筑板材的骨料，制造隔墙板，不仅轻便、强度高，而且隔音性能好、膨胀系数小。由于材料提取简单且廉价，因此大大降低了板材成本。

4）废弃混凝土砌块破碎后，可用作建筑物非承重部件的混凝土骨料。这不仅没有降低结构的强度，还节省建设资金。

5.4　结构改造

5.4.1　外接式

旧工业建筑再生利用中外接的改建形式，其实质是在原有旧工业建筑周边一定范围内加建一定数量局部的建筑、构筑物或附属设施，加建建筑与原旧工业建筑作为一个旧工业建筑再生利用整体。根据外接部分结构与原旧工业建筑结构的受力情况，可分为独立外接（分离式结构体系）和非独立外接（协同式结构体系）。

（1）独立外接

独立外接结构，即分离式结构体系，是原旧工业建筑结构与新增结构完全断开，独立承担各自的水平和竖向荷载。

外接部分体量相对较小，但由于独立外接部分与原旧工业建筑相互分离，一般常见于采用砌体结构和钢结构等形式。

（2）非独立外接

非独立外接结构，即协同式结构体系，是原旧工业建筑结构与新增结构相互连接。

1）主要特点

①非独立外接部分的荷载通过新增结构直接传递给新设置的基础，再传至地基。

②非独立外接部分的施工不影响原旧工业建筑的施工、使用和维护，即原旧工业建筑部分可不停产、不搬迁。

③非独立外接部分与原旧工业建筑部分相比，体量较小，仅作为原旧工业建筑部分的补充，以完善和方便旧工业建筑再生利用后的运营和使用。

④非独立外接的部分是一座全新的建筑，其建筑立面和装修风格可与周围建筑相协调。

2）节点连接分类

非独立外接部分与原旧工业建筑部分相互连接，根据连接节点的构造，可分为铰接连接和刚接连接。

①铰接连接。当连接节点仅传递水平力而不传递竖向力时，原建筑结构和新增部分结构承担各自的竖向荷载，但在水平荷载下，两者协同工作，此连接为铰接，如图5.38（a）所示。正如《建筑物移位纠倾增层改造技术规范》CECS 225：2007所述："新老结构均为混凝土结构，新结构的竖向承重体系与老结构的竖向承重体系相互独立，新结构利用老结构的水平抗侧力刚度抵抗水平力"。

②刚接连接。当连接节点同时传递水平和竖向力时，原建筑结构和新外套增层结构共同承担竖向荷载和水平荷载，此连接为刚接，如图5.38（b）所示。

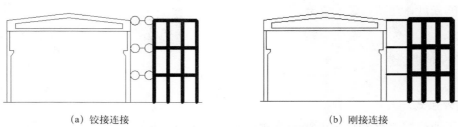

（a）铰接连接　　　　　　　　　　　　（b）刚接连接

图5.38　主体结构节点连接形式

3）关键节点处理

对于旧工业建筑再生利用非独立外接的改建形式，在施工过程中的关键部分是新老建筑之间的节点处理。目前常用的几种类型包括钢结构与混凝土结构的连接，钢结构与钢结构连接等。

①梁与钢筋混凝土柱连接。在新增钢结构时，新增钢结构难免会连接到既有的混凝土柱上。两者连接后，混凝土柱的受荷面积增加。由于原有旧工业建筑建造年代久远，所以并不能准确确定混凝土柱的强度承载力。针对这种情况，要对梁柱连接进行特殊处理。在既有混凝土柱的跟前紧靠着工字型钢柱，钢梁与钢柱的连接方式为铰接，这样钢柱就只承受钢梁传递的轴力，并不承担弯矩。在沿着混凝土柱的长度方向，每隔一定距离就植入钢筋，使其与既有混凝土柱连成一体。钢柱可以通过螺栓连接到原有混凝土柱的承台上。

②钢梁与钢筋混凝土梁连接。当二者连接时，复合钢筋混凝土的承载力是首先要考虑并且解决的问题。二者的连接方式主要采用的也是铰接的方式，通过使用钢梁的连接螺栓和钢筋混凝土的锚栓，使其联系起来。

③钢构件与钢构件连接。一般来说，钢结构之间的连接方法包括焊接、普通螺栓连接、高强度螺栓连接和铆接。螺栓连接比较常用于新老钢结构直接的连接。

5.4.2　增层式

旧工业建筑再生利用中增层的改建形式，其实质是在原有旧工业建筑内部、上部或外部进行增层。根据增层部分与原旧工业建筑结构的位置，可分为上部增层、内部增层和外套增层，其中内部增层较为常见。

（1）上部增层

旧工业建筑再生利用上部增层是指在原有旧工业建筑主体结构上部直接增层，充分利用原建筑物结构及地基的承载力，通过上部增层的方式满足新的功能需求。这种增层方式，首先要求原有旧工业建筑承重结构有一定承载潜力。增层部分建筑风貌与外形，需尽量与原有旧工业建筑的结构体系一致，房间的隔墙尽量落在原有旧工业建筑梁柱位置，要在原有系统的布局和走向上考虑房屋中的设备设施及上下水管、燃气、暖气、电气设备的布局，尽量做到统一，减少管线的敷设，避免不必要的渗漏。

上部增层的改建形式，根据原旧工业建筑结构类型的不同，主要分为以下几种：砖混结构上部增层，钢筋混凝土结构上部增层，多层内框架砖房结构上部增层，底层全框

1）砖混结构上部增层

通常，旧工业建筑砖混结构建造年代久远，且层数不高。此类旧工业建筑就其墙体自身承载力而言，在原高度上增加 1～3 层，总层数控制在 5 或 6 层以下，难度不大。因此，当原结构为小开间且无大开间要求的砖混结构时，在地基基础和墙体承载力复核

验算合格后，若原承重构件的承载力及刚度能满足增层设计和抗震设防要求，可不改变原结构的承重体系和平面布置，最大限度地在原来的墙体上直接砌筑砌体材料（如图5.39所示），然后铺设楼板和屋面板。

图5.39 砖混结构上部增层

砖混结构上部增层时，如果原旧工业建筑承重墙体和基础的承载力和变形不能满足增层后的要求时，可添加新的承重墙或柱，或者可以通过改变荷载传递路线的方法进行增层。例如，原房屋为横墙承重、纵墙自承重，则增层后可改为纵横墙同时承重。此时，应重新验算墙或柱承重能力，且满足规范要求。

当原旧工业建筑为平屋顶时，应查验其承载能力，当跨度较大或板厚较小时，还得核算板的挠度和裂缝宽度，所有条件都满足时即可将屋面板作为增层后的楼板使用，否则拆除重新进行楼板施工；当原旧工业建筑为坡屋顶时则需将原有屋面拆除重新进行楼板施工。

2）钢筋混凝土结构上部增层

当原旧工业建筑为框架或框剪结构时，在进行上部增层时一般采用框架结构、框剪结构或钢框架结构。

框架结构增层时，经常要添加剪力墙才能通过抗震验算，当加剪力墙有困难时，可采用防屈曲约束消能支撑，以减小结构的地震反应。直接在钢筋混凝土结构顶部增层，增层结构与既有混凝土结构顶层梁柱、剪力墙节点的连接处理是关键。采用钢结构增层时，增层后的结构沿竖向质量、刚度有较大突变，应能保证新老结构整体协同工作以利于抗震。采用其他增层方式时，尚应注意因增层带来结构刚度突变等不利影响，进行验算，必要时对原结构采取加固措施。

3）多层内框架砖房结构上部增层

当原旧工业建筑是多层内框架结构时，上部增层不改变原有结构，其结构应与下部结构相同。内框架钢筋混凝土中柱、梁、砖壁柱设置至顶，如图 5.40 所示。这种类型的上部增层，抗震横墙的最大间距应符合《建筑抗震设计规范》GB 50011—2010 的要求。普通砖或砌体可以在新增层的抗震纵横墙中用。根据抗震规范要求，每层要设置钢筋混凝土圈梁，且房屋四角要设置抗震构造柱。此类型的上部增层可行性取决于原钢筋混凝土内柱和带壁柱砖砌体的承载能力及其补强加固的可能性。

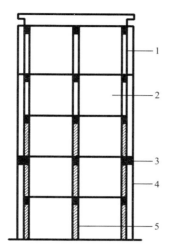

1—新加水平和垂直墙用砖或小砌块，框架填充用加筋砌块或加气混凝土块；2—原屋面坡用加筋砌块或加气混凝土块找平；3—第 2 层采用外加圈梁；4—四边角抗震构造柱；5—原内框架中柱，砖壁柱

图 5.40　多层内框架砖房结构上部增层

多层内框架砖房结构的上部增层，可根据需要在外墙设置钢筋混凝土附加柱，并且柱与梁的连接应根据构造宜铰接或刚接。在地震区，原框架的配筋及梁、柱节点必须满足抗震规范的要求，否则应在加固后进行加层。

4）底层全框架结构上部增层

当原旧工业建筑为底层框架结构，上部增层部分通常采用刚性砖混结构。由于上部加层而增加了底层框架的垂直和水平荷载，对经过复算可以满足增层要求的底框结构，一般应设置抗震纵、横墙。其抗震横墙的最大间距应符合《建筑抗震设计规范》GB 50011—2010 的要求。新增的抗震墙应在纵向和横向均匀对称布置，其第 2 层与底层侧移刚度的比值，在地震烈度为 7 度时不宜大于 3，8 度和 9 度时不应大于 2，新增的抗震墙应采用钢筋混凝土墙，并可靠地连接着原框架。

对于在验证检查后不能满足增层承载力或抗震要求的底层框架结构，也可采用"口"形刚架与原框架形成组合梁柱进行加固增层，如图 5.41 所示。

值得注意的是：底部框架和上层砖混结构仅只适用于非地震区；在地震区底层应采用框架—剪力墙，上部为砖房的结构形式。

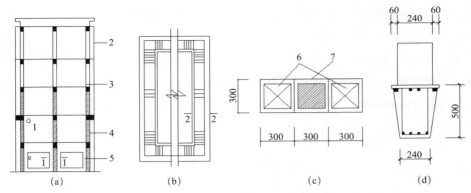

(a) 房屋剖面；(b)"口"形刚架配筋；(c) 1—1 剖面；(d) 2—2 剖面
1—抗震柱；2—新加双层墙砖或小砌块；3—原旧房屋面坡（分段找平）；
4—原底层框架、梁柱砖墙；5—"口"形刚架加固（代抗震墙）；6—现加柱；7—原柱

图 5.41　底层框架结构上部增层

（2）内部增层

旧工业建筑再生利用内部增层，是指在旧工业建筑室内增加楼层或夹层的一种改建方式。它的特点是：可充分利用旧工业建筑室内的空间，只需在室内增加承重构件，可利用原有旧工业建筑屋盖及外墙等部分结构，保持原建筑立面。因此，内部增层是一种经济合理的方法。

对于具有空旷的砖混结构的单层或多层房屋，如仓库、车间等其他大型旧工业建筑，增层荷载可直接通过原结构传至原基础；也可以将新结构转移到新基础上，即可采用添加承重横墙或承重纵墙的方案；也可采用添加钢筋混凝土内框架或承重内柱的方案。室内增层还可以采用局部悬挑式或悬挂式以达到增层的目的，设计者应根据原房屋的结构情况、抗震要求、使用要求等而定。当然，这类结构的侧向刚度较差，并且大多数旧墙在加层后不能承受所有的荷载，尤其是水平荷载。因此在平面功能容许的条件下，应适当地增加承重墙体和柱子，以合理地传递增层荷载，使新老结构协同工作。在建筑底部一层采用室内增层时，室内增层结构可以与原建筑物完全脱开，并形成独立的结构体系。根据相关规范要求，新旧结构间应留有足够的缝隙，且最小缝宽宜为100mm。

内部增层改建的基本结构形式有整体式、吊挂式、悬挑式等三种。

1）整体式内部增层

将原旧工业建筑内部新增的承重结构与旧房结构连在一起共同承担增层后的总竖向荷载及水平荷载的方式即为整体式内部增层。它的优点是：可利用原旧工业建筑墙体、基础潜力，整体性好，有利抗震；缺点是有时需对旧工业建筑进行加固。

根据使用功能要求，可以利用原结构柱直接增设楼层梁的增层方法，将原旧工业建筑内部大空间改为多层，该种增层方法的技术常用于局部增层，增层后荷载由原结构柱及其基础承担，大多需要加固处理。

2）吊挂式内部增层

当原旧工业建筑内部净高较大，增层荷载较小，且在增层楼板平面内新旧结构连接不方便时，可以通过吊杆将增层荷载传递给上部的原结构梁、柱称之为吊挂式内部增层。吊挂增层中的吊杆仅承受轴向拉力，与原结构梁、柱可靠连接，并具备一定的转动能力。由于吊杆属于弹性支撑，因此在增层楼板与原建筑之间应留有一定的间隙，使得增层结构能够上下自由移动。

3）悬挑式内部增层

当原旧工业建筑内部增层不允许立柱、立墙，又不宜采用悬吊结构时，可采用悬挑式内部增层。此方法主要应用于在大空间内部增加局部楼层面积，且该增层面积上使用荷载也不宜太大。通常做法是利用内部原有周边的柱和剪力墙做悬挑梁，确保悬挑梁—柱和剪力墙有可靠连接且为刚性连接。此时，悬挑的跨度也不宜太大。由于悬挑楼层的所有附加荷载全都作用在原结构的柱和墙上，通常需要验算原有结构的基础及柱、墙的承载力，必要时采取加强和加固措施。

4）其他内部增层

除了上述三种内部增层方式外，旧工业建筑内部增层还有以下两种情况：①因生产工艺改变要求，在内部增设各种操作平台；②因使用功能改变，需在内部增加设备层。

（3）外套增层

旧工业建筑再生利用外套增层是指在原旧工业建筑上外设外套结构进行增层，使增层的荷载基本上通过在原旧工业建筑外新增设的外套结构构件直接传给新设置的地基和基础的增层方法。当在原旧工业建筑上要求增加层数较多，需改变建筑平面和立面布置，原承重结构及地基基础难以承受过多的增层荷载，且在施工过程中不能中止时，一般不能采用上部增层，通常采用外套增层。外套结构增层，不仅可使原有土地上建筑容积率增大几倍到几十倍，达到有效利用国土资源的目的，而且可使建筑造型与周围新建建筑相协调，达到对旧工业建筑进行现代化改造和更新的目的，能够提升城市现代化的整体水平，但进行增层的费用较高。

5.4.3　内嵌式

旧工业建筑再生利用内嵌，是指当原旧工业建筑室内净高较大时，可在室内内嵌新的建筑，它是在旧建筑室内增加楼层或夹层的一种改建方式，类似于内部增层。与内部增层不同的是，内嵌是在室内设置独立的承重抗震结构体系，新增结构与原有结构完全脱开，如图 5.42 所示。

一般情况下，由于使用功能的要求，需要将

图 5.42　内嵌结构

原有大空间的房屋改建为多层，并在大空间内增加框架结构，通过内增框架将荷载直接传递给基础，室内内增框架与原建筑物完全断开。

采用内嵌的改建形式时，由于新增部分结构与原有旧工业建筑主体结构完全断开，新增部分与原有结构按各自的结构体系分别进行承载力和变形的计算，无须考虑相互间的影响。新增结构与原有结构脱开，该形式结构设计简图明确，可按一般新建建筑进行承载力和变形计算。

5.4.4　下挖式

旧工业建筑再生利用下挖，是指在不拆除原有旧工业建筑、不破坏原有环境以及保护文物的前提下，将原有旧工业建筑进行地下空间开挖，以创造新的地下空间等。该方式能够合理地解决新老建筑的结合和功能的拓展问题。

下挖的改建形式主要有延伸式、水平扩展式、混合式等三种。

（1）延伸式下挖

延伸式下挖，是将旧工业建筑通过下挖层直接在建筑底下向下延伸。这种改建方式虽然不占用建筑周边地下空间，但这种类型的改建受原旧工业建筑的限制，较小占地面积的建筑下挖后使用功能可能不太完美，而且造价会较高，如图5.43、图5.44所示。

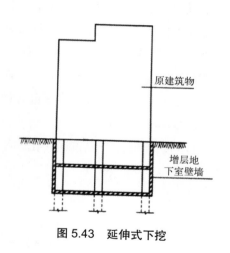

图5.43　延伸式下挖

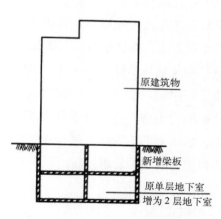

图5.44　原有地下室室内增加一层

（2）水平扩展式下挖

水平扩展式下挖是为了充分利用原有旧工业建筑周边的空地，将空地扩展为地下室。该增层方法需要占用建筑物周边的地下空间，并且很少受到原有建筑物本身结构条件的限制，下挖空间可根据周围的环境设计，相对于延伸式下挖，成本相对较低。该方式通常将下挖和增层有机结合，可形成外扩式建筑结构，如图5.45所示。

（3）混合式下挖

　　混合式下挖，是水平扩展式下挖和延伸式下挖的组合，可以扩大建筑自身的地下空间，并利用建筑周边地下空间进行下挖。这种改建方式可以使建筑的地下空间宽敞，充分利用有效的地下空间资源，是较好的下挖方式，如图 5.46 所示。

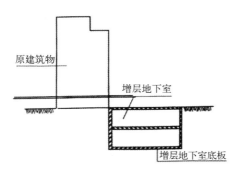

图 5.45　水平扩展式下挖

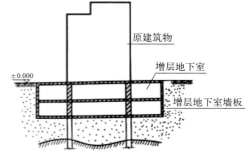

图 5.46　混合式下挖

第6章　旧工业建筑再生利用规划设计案例

6.1　老钢厂文化创意科技小镇

6.1.1　项目背景

陕西钢铁厂（老钢厂）于 1965 年投产，作为全国十大特钢企业之一，为中国国防事业做出了巨大贡献。20 世纪 90 年代，随着区域产业结构的调整，亚洲金融危机的影响以及国有企业改革的浪潮，陕西钢铁厂无法跟上新兴产业的步伐，旧设备也无法保证产品的质量，老钢厂的生产活动大幅缩减，在 1999 年 1 月宣布破产。生产停止后，旧厂区域逐渐转变为半零不落状态，工业设施和设备被大量废弃，周边地区经济状况惨淡，如图 6.1 所示。

（a）外立面一　　　　　　　　　　　　　（b）外立面二

图 6.1　陕钢厂停产 3 年后的衰败景象

2002 年，老钢厂进行破产拍卖。同年 10 月，西安建大科教产业有限公司以 2.3 亿元的价格成功收购陕西钢铁厂的资产。在科教产业园的基础上，将厂区分为三个部分，进行学校化改造、创意园区式处理、房地产开发三种方式的再生利用。经过多手段多模式的改造更新，在最大限度上发挥老厂区价值的同时，成功地安置了原厂 2500 余名职工，在一定程度上保证了社会稳定和东郊范围内最优越的城市环境。此外，由高校控股企业直接收购国有大型企业的破产资产，这在全国尚属首例。

2018 年 6 月，西安市新城区政府、西安建筑科技大学、西安华清科教产业（集团）

有限公司与中国能源建设集团西北建设投资有限公司合作，为老钢厂文化创意科技小镇签立框架协议。协议在西安建筑科技大学的校友回归特别活动中正式签署，标志着老钢厂文化创意科技小镇的建设进入实质性的发展阶段。

老钢厂文化创意科技小镇位于陕西省西安市新城区幸福林带改造区域，以西安建筑科技大学华清学院为核心，西起幸福南路，东至规划路，北至咸宁东路，南至规划路，占地面积 1830 亩，建设和入园项目规划总投资 400 亿元。科技小镇依托新城区的资源优势、西安建筑科技大学的学科优势、老钢厂设计和创意产业园的发展优势以及中国能源西北建设投资的资本优势，合力建设设计创意、文创产业集群、华清科技园、新城区建科大创新创业中心等功能板块。通过技术转让、成果转化等，以及对西建大华清学院周边土地的升级开发，使该区域行业蓬勃发展，独具特色，功能齐全。将国内外有影响力的文化创意、设计和开发、生产和办公服务等产业集群结合在一起。小镇定位为：西安的城市时尚名片，打造生产、生活、生态"三位一体"的老钢厂创意科技小镇，国家 AAA 级景区标准、城市文旅综合体、工业博物馆。科技小镇区位图和局部效果图如图 6.2、图 6.3 所示。

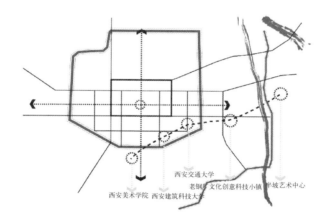

图 6.2　老钢厂文化创意科技小镇区位图

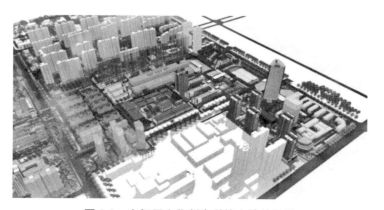

图 6.3　老钢厂文化创意科技小镇效果图

6.1.2 规划设计

（1）改造概况

老钢厂文化创意科技小镇共占地约 1830 亩，规划后总建筑面积为 280 万 m² （包括华清学府城住宅和商业建筑）。老钢厂文化创意科技小镇改造共包括三大核心区域：西安建筑科技大学华清学院、老钢厂创意设计产业园和华清学府城。

西安建筑科技大学华清学院——教学园区建设规划与重点工程设计由西建大专家教授组织。在充分尊重原华清学院的基础上，以合理利用陕西钢铁厂原有的旧工业建筑资源为目标，以工业建筑原有建筑风格为重点，进行大胆而新颖的设计，部分保留了其原有的特色，突出了旧工厂建筑从繁荣到毁灭，从衰变到重生的历史演变。体现出了对人文、历史、环境的深刻反思，使本来已经废弃的旧工业建筑获得了重生，成功地营造了浓郁的产业文化氛围。其主要功能分区变化如图 6.4 所示。

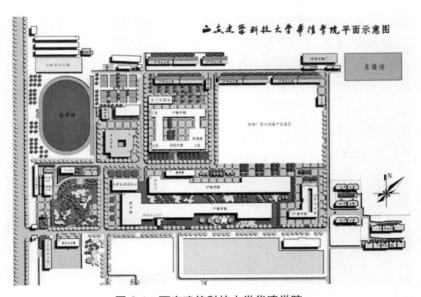

图 6.4　西安建筑科技大学华清学院

老钢厂创意产业园——老钢厂产业园区位于幸福南路西建大华清学院东侧，西靠城市规划绿化带，南靠华清学府城。按照区域规划设计要求，特钢厂将作为设计工业园区规划。总面积约 50 亩，原建筑面积约 15000 m²，改造后总建筑面积约 4 万 m²。园区内经常举办各种高级艺术展览，对提高校园学生整体素质有很大帮助；园区内丰富的业态也为学生课余参观实习提供了切实可行的机会。在为社会提供机会的同时，创意产业的灵活性可以推动周边经济的发展。同时，科技小镇的特殊位置和相对优惠的租金不仅可以满足学校师生的生活需求，也是鼓励大学生自主创业的又一途径，"校园内的设计培训"、"学姐的店"成为实际而又吸引人的商业噱头，如图 6.5 所示。

图 6.5 老钢厂创意产业园

华清学府城——根据拍卖政策规定，西安建大科教产业有限公司为剩余土地启动了房地产开发项目。根据规划，将缺乏保护与利用价值的厂房拆除，开发为"华清学府城"。华清学府城总面积 586 亩，总规划建筑面积 1354670 m^2。该项目共有 59 幢建筑物，包括 3 幢商业建筑和 14 幢高层、小高层建筑。小区内建有面积为 4500 m^2 的配套幼儿园、8000 m^2 的小学，面积为 5000m^2 的大型会所，沿街的商业开发可以满足业主多方面要求和无忧生活。周边的生活设施完善，学校、企业、娱乐、餐饮、医疗、金融、通信等全面覆盖。结合西安建筑科技大学优质而浓郁的学区氛围，成为西安市一个抢眼的楼盘，如图 6.6 所示。

图 6.6 华清学府城

（2）园区规划

1）整体规划

根据园区所在地的区位优势，结合西安市的总体规划，老钢厂文化创意科技小镇的规划设计按照整体功能协调的原则，使旧工业建筑得到了合理的改造和再利用，同时保留了原有的道路网络和大量的原生树木和植被，众多的工业景观依据原始机械或设备形成。科技小镇内主要的建筑物都是在原陕西钢铁厂旧工业建筑的基础上进行局部改造或扩建完成的，并根据实际情况拟定可行性研究做出决策。其整体规划见表6.1。

老钢厂文化创意科技小镇总体规划解析　　表 6.1

名称	规划内容
区位优势	根据西安市城市总体规划，加强二环沿线的基础设施建设，规划大片的住宅区和大型公用建筑，该政策涉及园区周围的一些大型项目，为园区建设提供了良好的外部环境和发展机会。
西安建筑科技大学华清学院	原陕钢厂在生产经营模式上经历了一体化到部分相对独立，至分公司承包，再至分公司独立运营的过程。这种生产经营模式的转变在生产线流程的变化和工业建筑的分布格局上有着充分体现。在陕西钢铁厂原有功能区划的基础上，学区分为教学区、体育区、综合服务区和住宿区，并结合教育所需的基本功能。根据原有建筑的特点和学校学生的要求，规划了建筑面积较大的第一、二轧厂区域作为教学区域，原煤场改为运动区域。对于中等容量，原有的具有独特外形的天然气发电站区域被规划为综合服务区域；对于拥有更多简易建筑的东部储藏区和既有的铁路专线，将其再利用为特殊的住宿区。这样的规划设计可以有效符合学生住宿、教学、体育等的规划理念。
老钢厂创意产业园	根据华清学院的现状和长远规划，老钢厂创意产业园区重新整合了园区的旧工业建筑。老钢厂创意产业园分为四个功能模块，如下：文化艺术展示区、创意设计工作区、综合商业区、教学文化区。基地靠南的厂房与华清学院教学区相邻，因此考虑作为专业教室和部分教师的工作室。利用外部街道作为商店，弥补校园内缺乏商业设施的缺陷，它相对私密，现在是教师的工作室和办公室。
华清学府城	华清学府城是西安市政府批准的商品住宅社区建设项目，西安市首席学府住宅。华清学府房地产项目分六期实施，计划建设 123 栋住宅楼，绿化率 43%，规划总建筑面积 135 万 m^2，户籍总数 1 万户，居民总数 32000 人。一期工程占地面积 83200 m^2，计划投资 4.314 亿元，规划建筑面积 244500 m^2，户数 2380 户，居住人数约 7616 人，社区内配备有小学、幼儿园等。
路网设计	原厂区内道路宽敞且具有较大的回转半径，有足够的承载能力，主干道保存完好，道路质量较高，路两侧植有高大行道树。在改造过程中，原厂区良好的道路得到充分利用，主要道路得到维护，并根据功能区划设置了多条辅助道路。同时，对科技小镇中的所有林木进行修剪、测量和定位，并在科技小镇建设中尽量减少对树木的破坏，重新安置需要搬迁的树木。
环境改造	在改变商业模式的过程中，旧工业区的环境改造出现了每个车间相对独立的运营期，并建造了大量简易和临时的小型建筑。在进行整体规划时，为了满足小镇景观设计和场地规划，拆除了大量小型建筑物。原陕西钢铁厂的东方红场是一个入口广场，同时也是一个小型建筑物的聚集地，聚集了大量如车棚、小型仓库等建筑物。

2）交通与景观设计

①路网设计

作为一家特种钢材的生产企业，陕西钢铁厂在生产的 50 年里，因为需要满足进入生产的原材料和成品输出的运输需求，在原来的道路规划和设计中，建造了宽敞的路面和大的转弯半径。同时，为了满足重型特种钢的运输要求，路面一般具有较强的承载能力。

与此同时，在厂区内栽种的法桐经过 50 年的生长，完全适应了原来的恶劣生态环境，现在已经发展成为一片树林。因此，老钢厂文化创意科技小镇的路网改造，将原陕西钢铁厂的公路网系统和主干道路树木完全保留，并根据建筑物的保留情况，设计了满足教学和生活需求的二级公路和观光步行道路。如图 6.7、图 6.8 所示。

图 6.7　厂区原有路网被保留　　　　　　　　图 6.8　厂区内梧桐树

②景观小品设置

陕西钢铁厂原有的工业遗产是该地区工业气息的载体，大部分建筑都具有珍贵的独一无二的特性。例如，在中央发电站用于高炉煤气传输的大型排风扇被移除后，通过更换风扇叶片和喷漆，成为在小镇草地中转动的风车。原有的轧钢连铸车间虽已经消失，但重达 26t 的生铁和斑驳的连铸机的铸铁齿轮仍然停留在现场，它见证了工厂和科技小镇的变化，对其表面锈渍进行打磨抛光后，涂上黑色和红色相间的防锈漆，作为草坪上静态的工业雕塑，这就像在告诉路过的行人这里曾经的辉煌。如图 6.9、图 6.10所示。

图 6.9　煤气发生站的大型排风机　　　　　　图 6.10　轧机齿轮

③绿地置换

改革开放后，各种改革模式使陕西钢厂在 20 世纪 80 年代经历了一个相对独立的车间运营期。原始工业园区的建设也由每个相对独立的实体根据发展要求独立进行。在此期间，创建了大量简单的临时的小型建筑，在总体规划的要求下，这些建筑物已大量拆除，为公共景观区和新建筑物的建设提供了空间和场所。原陕西钢铁厂东方红广场是陕钢在建设初期规划的入口广场，后来由独立运营的下属单位管理和使用。多年的发展导致该地区建设了大量简易建筑，如车库、简易车间和小型仓库。在施工规划中，将拆除这些简易建筑，保留原有的林木，并对场地的地形进行重组和绿化，形成了绿色广场入口的优美环境，如图 6.11，图 6.12 所示。

图 6.11　入口广场改造前的景观状况　　　　图 6.12　景色宜人的小镇入口

（3）建筑单体设计

1）华清学院 1、2 号教学楼

1 号和 2 号教学楼的改造充分尊重原有建筑的空间视觉效果，完全保留了原厂房的钢筋混凝土框架结构。原厂房牛腿柱、吊梁、桁架、槽状屋顶板等组件显示了原厂的宏伟和辉煌。立面采用轻质墙面材料或橙红色框架幕墙装饰，以轻盈、明亮和鲜艳的色彩重振旧工业厂房的青年时期；同时，规则严格的线条与原厂房粗糙有序的建筑构件相匹配，体现了教室严谨和庄严的氛围。再生和重建的教室空间宽敞明亮，整洁有规律的建筑构件向学生传达了庄严、严谨、有序的学术理念。1 号教学楼改造前后分别如图 6.13、图 6.14 所示。

2）华清学院图书馆

华清学院图书馆由原来轧制车间西段的加热部分改造而成。重建过程中保持了建筑物的原始高度，加固了外漏屋顶，增加隔热，并更新了立面玻璃。它不仅节省了翻新成本，还增加了室内采光的亮度。立面重建保留了承重柱和外墙墙裙，并用水平和垂直透明窗替换了原来的玻璃。明亮、独特的低角度阳光入射角为图书馆增添了独特的风景。图书馆改造前后内部、外部情况分别如图 6.15、图 6.16 所示。

图 6.13　改造前的一轧车间

图 6.14　改造后的 1 号教学楼

（a）改造前

（b）改造后

图 6.15　图书馆改造前后内部对比

（a）改造前

（b）改造后

图 6.16　图书馆改造前后外部对比

3）华清学院大学生活动中心

大学生活动中心由原来的二扎车间的机械修理车间改造而成。建筑物的内部空间基本没有调整。内墙、立柱和横梁表面采用吸声和降噪材料装饰，屋顶天花板要求能隔声并满足舞台灯光效果，采用铝扣板和铝格栅装饰。建筑外观保留了原始工业厂房的形状，为了增加采光面积，设置了明框铝合金玻璃幕墙，也对厂房的外立面进行了修复和完善，如图 6.17 所示。

（a）外立面　　　　　　　　　　　　（b）内立面

图 6.17　厂房改造的大学生活动中心

4）老钢厂创意产业园 4 号楼

4 号楼是 20 世纪 50 年代的旧工业建筑，经过更新设计，将 3 层作为森科营造的办公空间。因厂房混凝土排架结构未得到妥善修缮，如果直接使用会造成极大的安全隐患，因此在对其进行评估时，决定拆除原有的排架结构及屋面层。考虑新空间的采光需求与原窗洞口位置，增加了部分开窗。拆掉整个屋面及排架结构，改用红色清水砖进行砌筑。屋顶部分升高，采用平缓倾斜的屋顶与周围建筑的倾斜屋顶协调。如图 6.18、图 6.19 所示。

图 6.18　4 号楼外立面改造前　　　　　　图 6.19　4 号楼外立面改造后

6.1.3　再生效果

老钢厂文化创意科技小镇是旧工业建筑群转变为特色小镇的典型案例。结合原有的交通系统和建筑的结构特点，在规划设计中将新老建筑融合，保持了原有工业特色，功能满足需求。在转型过程中，坚持历史背景和场地文化的延续，坚持最大化旧工业建筑改造和再利用的设计原则。创造了满足创意办公、创意集市、信息交流、产业研发、自主创业的功能空间。同时，根据老钢厂的生态环境特点，结合科技小镇建设所需的户外空间，创造了良好的外部空间环境，赋予了新的活力和新的使用功能，同时也改善了厂区周围的环境质量。这项转型研究将为旧工业建筑向科技特色小镇的转变提供宝贵的经验和参考价值。

6.2　南昌 699 文化创意产业园

6.2.1　项目背景

（1）项目概况

699 文化创意产业园位于江西省南昌市青山湖区上海路 699 号，同时"699"还是此园区的门牌号，园区总占地面积约 165 亩，总建筑面积约 15 万 m²。

699 文化创意园所在地原是江西华安针织总厂，成立于 1954 年，地址位于沿江路（现滕王阁旁边）的直冲巷；1956 年，由于地域限制，开始筹建新厂区；1957 年，上海路厂区建成，于 10 月份搬迁；1958 年，建成上海路生活区；2009 年，江西华安针织总厂被列为南昌首批重工业企业，于 2010 年顺利完成企业改制。改制后的华安抓住了南昌发展的机遇，大力推进新文化发展，进行转型。

因此，原江西华安针织总厂从传统工业转变为当代艺术，实现了质的飞跃。699 文化创意产业园融合了建筑空间、文化产业与历史文脉和城市生活环境。

（2）优势分析

1）区位分析

产业园位于南昌的老城区，地理位置优越，附近大约有 20 万常住居民，且高校与中学环绕，如南昌大学、南昌航空大学、南昌十七中等，同时附近有地铁 1 号线和 2 号线，离八一广场公交 10 分钟路程，如图 6.20 所示。

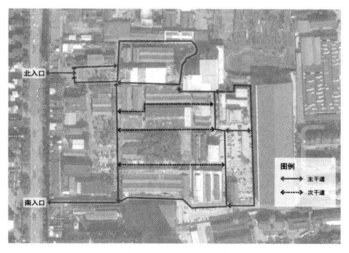

图 6.20　区位分析图

2）规划分析

园区内商业丰富，有"SOHO 式艺术聚落"和"LOFT"创意办公园。在园区内，不仅可以办公、餐饮休闲、体验艺术教育，还可以参观艺术展馆、购买艺术品等。

3）运营分析

园区管理目标很明确，是将 699 文化创意园打造成真正的艺术先锋阵地，而明确的管理目标有利于园区的持续发展。

6.2.2　规划设计

（1）设计原则

1）尊重原有场地原则

由于 699 文化创意产业园是一个转型创意产业园，在进行景观设计时，有必要充分考虑原址的历史文化、建筑风格和自然环境。依据场地的特点，因地制宜，尊重原有场所，尽可能地实现对原始资源的改造再利用，使新建景观在景观结构、外形风格和功能上与原址和周围环境达到和谐。如 699 文化创意产业园在对建筑进行改造时，保留了独具一格的既有建筑，外立面没有太多装饰，不仅创造了园区的景观特征，还保留了过去厂房的记忆。另外，在设计过程中，园区的一片樟树林被保留下来改造成一个小游园，后来成为园区最受欢迎的地方之一。

2）资源可持续性原则

作为旧工厂改造的 699 文化创意产业园，肯定有许多残留的工业制造机器、构筑物或是工业废弃物，如果全部丢弃，不仅浪费资源，而且还会污染生态环境。因此，改造时要合理利用工厂遗留下的各种"废弃物"，并采用新的方法或是技术改造再利用，使其恢复活力，实现资源的可持续性。如通过景观设计的手法将工厂以前的生产机器摆放在园区的各处，成为标志景观使参观的人们可以了解到华安针织厂过去的历史，十分别致有趣；还有一种改造手法是利用工厂原有的一些生锈的钢材制造小型艺术品，如贝壳、小提琴、书卷等，摆放在广场两侧，使之旧貌换新颜。通过各种改造技术，设计师不仅使资源得到了重复再利用，还使原本黯淡无光的工业废弃物焕发了新的生机。

另外，园区植物的选择以乡土植物、易于养护的植物为主，从而使后续植物的养护成本最小化。如园区中使用的香樟、桂花、杜鹃等，都是既有良好的景观效果，又不需要太多后续的管护工作。

3）功能结合艺术性原则

699 文化创意产业园作为文化产业的空间载体，其功能业态包括艺术展览、艺术创作、文化交流等，因此在景观改造中，既要满足基本的功能要求，还要结合艺术性来体现文化创意场地中的艺术氛围。在 699 文化创意产业园，既有的厂房被保留下来改造成展览厅、艺术中心、赣绣馆等不同的使用空间，在尊重原有场地的原则基础上，建筑外立面增添了一些与建筑空间氛围相符的艺术元素，如艺术壁画、门牌等，在保证功能的基础上增加了许多艺术性。与此同时，园区内景观文化也兼有艺术性和功能性，如导览、休憩、观赏、娱乐等设施。

4）延续场所历史文脉原则

699 文化创意园是由华安针织厂改造而成的。华安针织厂成立于 1954 年，期间的几十载见证着中国社会的变迁，存留着职工的美好回忆，同时又是一个时代的缩影，其所包含的历史文化是值得我们保存和挖掘的财富。故在进行改造时，有必要延续场所的历史文脉。在 699 文化创意产业园中，就有很多以华安针织厂职工为原型，以艺术的手法塑造的人物雕塑，与园区历史产生关联，延续历史文脉。此外，园区中还有许多景观小品，它们以工厂的各种机器零件为基础改造而成，造型美观。

（2）园区规划

1）道路

园区内的道路系统比较简洁，主干道可以形成一个环路，南北有一个入口，艺术街区的次干道连接主干道，使整个园区的道路系统完整而流畅，可行性较好，如图 6.21 所示。道路基本实现人车分流，车行道为路面沥青，人行道则有各种路面，较好地区分了不同区域。此外，在园区内还安排了大量停车位，基本满足停车需求。

2）广场

699 文化创意产业园有两个主要广场，一个是北入口进门处的入口广场，另一个是中心游园旁的小广场。入口广场采用常规设计手法，广场是一块矩形场地，两边整列着树池和一些工业小品，广场之后是艺术中心，整个入口处的轴线感非常浓烈，这也是一种惯用的广场入口设计方法，给人一种有气势的感觉。而中心游园广场（图 6.22）的设计就不尽相同，风格更加简约，只是在广场中间摆放了一些人物雕塑，规模也没那么大，人物雕塑主要为一些跳舞、演奏和歌唱的人物形象，点明了文化创意产业园中文化创意的主题性，与入口广场相比，中心广场有更多人逗留聚集。

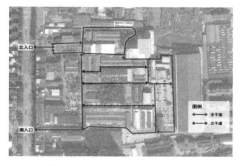

图 6.21 园区内道路分析图

图 6.22 中心游园

3）绿化

园区内的绿化可以分为集中型绿化和零散型绿化，集中型绿化为中心游园，零散型绿化指园区内零散种植的乔灌草植物。

中心游园（如图 6.22 所示）主要是一片樟树林，林下空间为草坪，草坪根据地形还营造了微地形，使空间更富于变化，绿色空间被木板路和石头路分开，供游客欣赏。游园中大樟树为上木，构成荫凉的林下空间，鸡爪槭、桂花、木槿等小乔木及大灌木为中木，构成丰富的季相变化，下木则主要为大叶黄杨、杜鹃等灌木构成草坪的边界。整体形成一个既具休憩功能，又具观赏功能的中心小游园。而零散型绿化大致分为 5 种形式：树池、花坛、边角绿地、装饰植物和垂直绿化。树池中一般是香樟为乔木，红叶石楠为灌木；花坛可分为建筑墙下水泥花坛和道路旁的木箱花坛，其中大部分种植的是杜鹃花；边角绿地则主要是在转角处的一些空闲绿地，种植的植物有樟树、苏铁、鸡爪槭等；装饰植物使用各种陶罐作为种植容器；垂直绿化则是在建筑外立面上的爬山虎等攀缘植物，像是给建筑穿上"绿色的外衣"。可以发现，园区内植物景观规划形式虽五花八门，但所使用的植物都是相对常见的，没有什么奇花异草，大多比较好养活，体现了资源可持续化原则。

4）构筑物与景观小品

为了延续工业场地的历史文脉，699 文化创意产业园拥有大量的工业材料改造成的构造物和景观小品。如园区北入口红色钢结构大门非常醒目，其上还有许多细节值得品味，右上角镂空的图案代表着工厂职工的劳动者形象，左边的柱子则是由很多机器零件堆积而成；而南大门也是采用这种红色钢结构的大门，与之形成呼应，如图 6.23 所示。园区内还有许多以华安针织厂职工为原型的人物雕塑，以艺术的手法展现出劳动者的形象，如图 6.24 所示。

图 6.23　园区北大门

图 6.24　人物雕塑

此外，园区内还有不少由工厂废旧机器或是零件改造的景观小品摆放于园区各处，不仅给园区增加了观赏点，同时也给园区增添了历史记忆，如图 6.25、图 6.26 所示。

图 6.25 工厂旧机器

图 6.26 废旧零件改造的景观小品

5）标识系统

标识系统也是景观设计元素的重要组成部分，起指引作用。由于园区面积较大，园区内设置了许多标识系统，标识牌主要以红色为色彩基调，材质以钢材为主，整体风格一致，并且导视牌上也刻有 699 文化创意产业园 LOGO，创建出园区的领域感，如图 6.27 所示。

6）配套设施

还有其他配套设施，包括垃圾桶、坐凳、路灯、路障。虽然这些配套设施是一些小东西，但是在园区中占比很多，是不可或缺的一部分。699 文化创意园在细节上做得很好，很多细节都值得去推敲欣赏。如园区垃圾桶，采用的也是钢铁材料，形状不是普通的圆筒形和方形，而是三角形，让人印象深刻。园区内的坐凳采用木制材料，整体颜色为深棕色，给人一种低调沉稳感。除了单独设置的坐凳外，园区内还有不少由树池、矮墙、花坛组成的坐凳，形式多样化。路灯的风格更具现代感和未来感，灰色的色调加上简洁现代的造型，完美融入园区的整体环境。

值得一提的是园区内有几种路障设计得非常有趣。第一种是手掌的形式（图 6.28），不仅可以作为路障，还可以作为坐凳使用，同时这个手掌还寓意劳动人民的双手，有一定的象征意义；第二种是用缠线器作为路障的形式（图 6.29），由于场地原为针织厂，缠线器的使用可以唤起人们对于场地的记忆；第三种是用 12 生肖的动物雕像来作为路障（图 6.30），形式精致有趣，但与前两种相比，与场地的关联性较弱。

（3）建筑设计

699 文化创意产业园内的建筑主要是保留工厂现有的建筑，由于空间功能需要，新建了少量建筑，而新建的建筑也基本上延续了旧建筑的砖墙或是水泥墙的建筑风格，整体风貌比较一致。本书主要讲的是老建筑外立面改造方式，因此对于新建筑的外立面不过多阐述。园区对于老建筑外立面改造的方式主要有砖墙面改造和水泥墙面改造两大类。

图 6.27　标识系统

图 6.28　手掌式路障

图 6.29　缠线器式路障

图 6.30　动物雕像式路障

1）砖墙面改造

园区内砖结构的老建筑整体是一种古朴、怀旧的风格，层数一般为 1～2 层，其改造方式主要可分为 3 类：①在保留原砖墙面的基础上增加一些艺术装饰物或涂鸦画；②砖墙结合木质结构（图 6.31），使用暖色调的木头在颜色和质感上都可以和砖结构和谐搭配，更突显一丝古韵；③将建筑旁的钢铁构筑物裸露出来，墙面刷上亮色，与旁边的工业机器配合，有一种街头感。

2）水泥墙面改造

园区中的水泥墙面建筑，冷色调的墙面具有少历史感和多工业痕迹的特点。这类建筑的外立面改造，大致也可分为 3 类：①对于那种工业结构比较突出的建筑，外立面基本不做改动（图 6.32），只在局部增加使用玻璃、铁质、冷色调的木板结构，使得整体的风格是冷色调的，从而突出工业厂房的工业感；②艺术街区的这类建筑外立面改造则更注重艺术性，彩色的玻璃和灰色石子墙面的搭配（图 6.33），增加了一丝时尚感；③在墙面增加艺术绘画的改造方式属于比

图 6.31　砖墙结合木质结构墙面改造

较简单又能出效果的一种方式。

图 6.32　水泥墙面建筑改造

图 6.33　彩色玻璃和灰色石子墙面改造

6.2.3　再生效果

（1）新旧元素的对比

新旧元素的对比意味着新机体采用现代材料、构成方式和美学特征来与老机体形成对比，如图 6.34 所示。从保留旧厂房既有风貌的角度来看，旧厂房损坏部分使用了与建筑物不同的材料。此项目中使用的玻璃、钢和木材的持久质地形成鲜明对比，削弱了旧厂房的体积和重量感。玻璃作为一种独特个性的现代化建筑材料，具有通透、灵巧、扩大空间等特点，能与旧厂房的历史氛围形成鲜明对比。

图 6.34　再生效果组合图

（2）旧物改造

由于南昌"699"文化创意园是一个时代的产物，设计师可以将旧厂房中废弃的机械设备和一些零件通过焊接技术将其雕塑化处理，使其再生利用并在新的建筑空间中发挥新的作用。这些物品给人们带来了思考和回味，同时也是对历史和文化美好的记忆。

旧工业建筑改造再利用为城市的发展提供了新的方向，为旧工业建筑赋予了新生命。历史建筑的改造，不仅节约了资源，而且还延续了城市文化内涵，同时还响应了国家可持续发展政策的号召。

6.3 中山歧江公园

6.3.1 项目背景

歧江公园位于广东省中山市区中心地带，总面积 11hm^2，其中水面 3.6hm^2，歧江公园交通便利。设计强调文化与野草之美，很好地将历史记忆、现代环境意识、文化与生态理念融合在一起。歧江公园原址为粤中造船厂，其再生利用之后使得中山市民工作、生活的工业时代得以再现。

新中国成立后，广东省政府决定建设五大船厂，分别位于粤东的汕头、粤西的阳江、海南的文昌、广西的北海和粤中的中山。粤中造船厂创建于 1953 年，1954 年 7 月 1 日建成投产，是中山工业的象征之一。船厂初期有 200 多人，鼎盛时期有 1500 多人，8 个室内造船车间。20 世纪 80 年代粤中造船厂开始走下坡路，1987 年由省属企业下放为市属企业，船厂昔日位于郊区的厂址，已逐步变成了市中心。1995 年，粤中造船厂启动异地搬迁计划，但由于经营不善及整个造船业不景气，出现连年严重亏损，1999 年全面停产关闭。从 1953 年到 1999 年，粤中造船厂走过了由发展壮大到停产的历程，它曾是中山解放后第一家国营工业大厂，见证了中山工业化的进程，创造了中山工业史上的辉煌，记录了一代人的情感，成为这个城市记忆中的一个重要部分。建成后的歧江公园与城市融为一体，没有围墙，没有隔阂，一条蜿蜒的溪流成为公园与城市的边界，互相渗透，共享河岸。

作为一个有着近半个世纪历史的旧船厂，粤中造船厂倒闭时除了大部分有用的机器被卖掉以外，厂区内留下了大量具有景观价值的东西：从自然元素上讲，场地上有水体，有许多古榕树和发育良好的植物群落；从人文元素上讲，场地上有多个不同时代船坞、厂房、水塔、烟囱、龙门吊、铁轨、变压器及各种机器，甚至厂房墙壁上的"抓革命，促生产"的语录。正是这些东西使得船厂具有强烈的场所意义和历史文脉感。图 6.35 为该厂改造前场景。

图 6.35　原粤中造船厂组合图

公园再生的主导思想是充分利用原有道路、植被等，建成一个面向大众开放的、能反映近代工业文化特色的公共休闲场所。围绕这一主题，规划设计单位突出历史性、生态性和亲水性三大特色，使得歧江公园成为我国首个城市公园和产业用地相结合的优秀范例。

6.3.2　规划设计

（1）改造定位与设计思路

由于原址残破败落，不可能进行完整意义的工业遗产保护，只可能走再生利用的途径，但是时间和场所的特征并不是被消解、平面化，而是通过对比强化、场景再现、抽象细化等多种手法达到立体化、多层化。以生态植栽、装置语言的应用、特定工业素材的再建、广义雕塑等形成一个具有丰富人文意义和当代设计美学特征的公共空间。

在设计理念方面，设计师选择了现代西方环境主义、生态恢复及城市更新的思路，将公园中最能表达原场地精神的元素被最大限度地保留了下来，运用现代设计手法对它们进行艺术再加工，赋予新的功能和形式，实现了再利用。

（2）设计原则

为了具有时代特色和地方特色，综合性城市开放空间可以反映场地历史，满足市民休闲、旅游和教育的需求，使其成为中山市的一个亮点，设计强调以下几条原则。

①场所性原则：设计体现场地的历史与文化内涵及特色。

②功能性原则：满足市民的休闲、娱乐、教育等需求。

③生态性原则：强调生态适应性和自然生态环境的维护和完善。

④经济性原则：充分利用场地条件，减少工程量，考虑公园的经济效益。

（3）园区规划

1）总体布局

公园总体分为南北两部分。北部景观与中山繁华街区相连接，园内主要大型景点均在此区，如红盒子、船坞、烟囱、柱阵、铁轨等，集中体现公园景观设计的文化内涵。南部为自然式疏林景观。南北两区由水体相接。由于需要保护原有的古榕树和河流流域，原基地东侧设内运河与歧江贯通，不仅满足歧江的排洪宽度，还保护了原基地临江的古榕树，形成江外有江的景观。图 6.36 为歧江公园总体规划方案图。

2）水体分布

公园内湖水约占歧江公园总面积的 35%。

图 6.36　歧江公园总体规划方案图

公园西北部边界规划有以自来水为水源溪流，水质不受歧江水位变化和污染影响。公园南部设计蛇形连池，内养莲花，上设栈桥，旁植柳树，草绿堤岸。

3）道路系统规划设计

沿公园贯通的主环路满足消防及公园管理行车要求。公园北部步行道呈五角形分布，以直线最短原理设计形成简洁直线路网，连接主要节点景观。南部自然式疏林景观也大致呈直线道路。园路按宽度和功能分三级：一级路 4.5m，二级路 2.2m，三级路 1.7m，道路铺石以花岗石为主。

4）广场规划

公园西、南、北入口处各有小型城市广场，园内中山美术馆前亦有广场作为功能活动区。

5）绿植选择

园内种植有中山常见植物，如榕树、英雄树、凤凰树、葵尾、龟背竹、青竹、棕榈、柳树、荷、莲、象草、白茅草等，或成群种植或孤植。除了公园东面临水及各出口外，其他周边是茂密绿植形成的天然绿墙，形成公园空间的整体围合。园内道路相交处与绿植以成片草坪过渡。

（4）景观改造设计

①自然系统和元素的保留

水体和护岸都基本保留原有形式，绝大部分古树都保留在公园中，为了保留江边十多株古榕，同时要满足水利防洪对过水断面的要求，开设支渠，形成榕树岛。

②构筑物的保留

两个分别反映不同时代的钢结构和水泥框架船坞被原地保留。一个红砖烟囱也就地保留，并结合在场地设计之中。原有船坞、机械设备等均可在再生利用过程中得到保留。如图 6.37、图 6.38 所示。

图 6.37　保留的船坞

图 6.38　机器零件

③机器设备的保留。

大型的龙门吊和变压器，许多机器被结合在场地设计中，成为丰富景观空间结构的、独特的重要艺术设计元素。

（5）单体规划设计

1）船坞的再生利用设计

在遗留下的钢架船坞中抽屉式插入了游船码头和公共服务设施，使旧结构作为荫棚和历史纪念物而存在。新旧结构以不同的功能同时存在。

2）琥珀水塔的再生利用设计

20 世纪 50、60 年代的常见普通水塔，无论从历史还是美学角度都无甚特殊。利用一个泛着现代科技灵光的玻璃盒将水塔覆盖，则产生了不同的效果。这一琥珀水塔同样具有生态与环境意义，其顶部的发光体利用太阳能，抽出地下的冷空气，以降低玻璃盒内的温度，而空气的流动又带动了两侧的时钟运动。如图 6.39 所示。

3）铁轨的再生利用设计

工业革命以蒸汽机和铁轨的出现为标志。铁轨也是造船厂最具标志性的景观元素之一。

4）烟囱和龙门吊的再生利用设计

脚手架和挥汗如雨的工人雕塑被结合到保留的烟囱场景之中，形象地展示了当时发生的故事，龙门吊的场景处理也与此相同。龙门吊再生设计如图 6.40 所示。

图 6.39　琥珀水塔

图 6.40　龙门吊再生设计

5）骨骼水塔的再生利用设计

与琥珀水塔不同的是，公园内另一个水塔则采用了再生设计的手法，直接剥去其水塔的外层水泥砂浆保护层，展示给人们的是曾经彻底改变城市外观的钢筋混凝土。这种设计是对旧工业建筑的戏剧化的再现，从而试图更强烈地传达关于本场所的体验。如图 6.41 所示。

6）红色记忆（静思空间）的再生利用设计

用一种不同寻常的记录形式去描述曾经发生的故事，去传达设计者在这块土地上的感受。红房子的一角正对着入口，任两条笔直的道路直插而过，如锋利的刀剪将一个完整的盒子剪破。其中一条指向"琥珀水塔"，另一条指向"骨骼水塔"。如图 6.42 所示。

图 6.41　骨骼水塔

图 6.42　静思空间

7）绿房子的再生利用设计

模块化的工业产品被用于户外房子的设计时产生了新的功能，一些由树篱组成的 5m×5m 模块化的方格网形成绿房子，它们与路网相穿插，树篱高近 3m，与当时的普通职工宿舍房子相仿。围合的树为寻求私密空间的人们提供了场所。但由于一些直线非交通路网的穿越，又使巡视者可以一目了然，从而避免不安全的隐蔽空间。绿房子在切制直线道路后，增强了空间的进深感，与中国传统园林的障景法异曲同工，如图 6.43 所示。

图 6.43　绿房子

8）西部船坞再生利用设计

西部船坞在粤中造船厂倒闭前是造船车间，是新船下水的地方，平时也可以停船，船厂倒闭后，船坞内的机器和设备被撤走，只剩下结构框架。将其作为歧江公园的小内湖，平时可供游人划船游玩。而这个湖面又与歧江相连，可作为停船的码头。所以西部船坞构架的再生利用，保留原有的钢结构，将两个船坞打通，使两个船坞成为一个整体，形成一定的公共空间，既节省资金，又保留了船厂的历史文脉。如图 6.44 所示。

9）东部船坞再生利用设计

处于核心地带的东部船坞改造成中山美术馆，是中山历史上第一个美术馆。主体建筑 2 层，建筑面积 2500m²，主要有收藏、展示、游览、教育、研究和交流六大功能。如图 6.45 所示。

图 6.44　西部船坞　　　　　　　　　图 6.45　东部船坞

美术馆室内改造设计中，以充分体现中西文化交汇的沿海文化和岭南文化为出发点，运用铁青色和柠檬黄这两种美学上对比最强烈的色彩作为美术馆的主色调，内部空间实用、可变，现代感强。

6.3.3　再生效果

作为中国首个工业遗产保护成功案例的主题公园，以公园的形式把走过 46 年历史的粤中造船保留下来，反映了中山这个城市从农业文明、工业文明到生态文明的发展进程。

1）体现工业化时代的普遍性的含意

工业化时代强调使用机器而解放人力，强调机械性，把复杂事物及工序分析和化解为简单的线性结构与功能关系。因此，再生设计中高度提炼出一些包括铁轨、米字形钢架、齿轮等工业化生产的符号，公园的形式上也充分体现工业化时代的特色。

2）体现工业化的时代特色

这一时代带有生产与政治斗争相混合的特点，是极富有时代特色的时期。因此，在设计上充分提取车间中仍然保留的形式符号，如领袖像、标语、口号、宣传画等，以创造一种历史的氛围。

3）体现造船、修船的特色

将船舶的主题充分体现在公园的形式和功能上，形成另一层面上的特色。歧江公园合理地保留了原场地上最具代表性的植物、建筑物和生产工具，运用现代设计手法对它们进行了艺术处理，诠释了一片有故事的场地，将船坞、骨骼水塔、铁轨、机器、龙门吊等原场地上的标志性物体串联起来，记录了船厂曾经的辉煌和火红的记忆。改造后的歧江公园鸟瞰图及卫星云图如图 6.46 所示。

(a) 鸟瞰图　　　　　　　　　　　　　　　　(b) 卫星云图

图 6.46　歧江公园鸟瞰图及卫星云图

歧江公园的再生利用是我国城市工业旧址更新利用的一个典范，有很多经验值得借鉴，主要有以下几个方面：水位变化滨水地段的栈桥式水际设计；江河防洪过水断面拓宽采用挖侧渠而留岛的设计；废弃产业用地元素的保留、改造和再利用的设计。

当然歧江公园的建设也有一些遗憾与缺陷，比如再生利用时对场地废旧元素的利用尚不够充分；改造过程中对原有丰富的生态环境没能完全保留；骨骼水塔和中山美术馆因安全原因重建，失去了环境与建筑再利用的意义；为了迎合大众的审美趣味需要，在公园设计中加入一些不和谐的景观元素。

6.4　上海众鑫白领公寓

6.4.1　项目背景

该项目位于上海张家浜路 58、68 号，紧邻张家浜河畔，空气质量好，整体环境优美，交通便捷。项目是由已倒闭的上海升降机厂旧车间厂房改建而来，区位图如图 6.47 所示。

上海众鑫白领公寓的 5、6、7 号楼为单层生产车间厂房，7 号楼位于原来厂区堆场，经过加建后成为一座 5 层高的住宅建筑，7 号楼的建筑全部为当下流行的南北通透式布置。5、6 号楼的长度约为 15m，房屋净高有 20 多米，经过加层设计施工后，5、6 号楼被改建成了公寓，每栋 4 层。改建时以原有厂房的结构柱为改建后房间的边界，改建为类似于酒店的标准间，每套开间约为 4m，每个标准间有独立的厨房和卫生间。由于是旧厂房改建而来的公寓，考虑到尽可能少地对原有结构进行改动，在房间内并没有设置独立凸出的阳台。

图 6.47　区位图

6.4.2　规划设计

（1）设计原则

1）当地政策积极响应原则

2007 年上海市加强了对外来在上海务工人员"群租"现象的整治行动，意在减少"群租"现象。这次的整治行动致使出现了大量的无房居住者，在"无房者"中既包括了外来务工人员，也包括了正在上海找工作或者刚准备参加工作的高校毕业生。针对这一情况，上海市政府采取了一系列的解决措施，其中一项措施就是向市场推行廉租房政策。依据《城镇最低收入家庭廉租住房管理办法》第五条规定："城镇最低收入家庭廉租住房保障方式应当以发放租赁住房补贴为主，实物配租、租金核减为辅。"但在实际情况中，除了采用租金核减方式时家庭已租到住房，其他方式在住房上都存在着问题。产生问题的原因，就是廉租房作为面向城市低收入群体的一类住房，房源紧缺。所以解决廉租房房源问题，成为解决问题的关键。

浦东新区于 2007 年发布了关于解决住房的文件，提出"改善投资环境，降低商务成本，加快研究金桥地区蓝领人员集中居住用房问题"的要求。在此基础上，上海市政府还制订了《关于闲置非居住房屋临时改建宿舍的规定（试行）》文件，为文件的执行提供了一个规范和标准。该规定要求将闲置厂房、仓库通过"标准化"的临时改建使闲置的老旧建（构）筑物重新利用起来，变成整齐划一，功能齐全，配套完善的宿舍，以有效解决外来上海务工人员和大学生群体的租住需求。《规定》不仅确立了改建的标准，还对改建后的宿舍住宿条件作了详细的规定。

2）节约资源

上海升降机厂结构坚固，而物质寿命大多比其功能寿命长，因此，在其全寿命周期内会有多次使用功能的改变，而并非大拆大建，从而减少材料和能源的消耗。在全球资源日益紧张的环境下，对旧工业建筑进行"改造性再利用"是对既有资源作出的一种积极回应。在改造施工过程中保留上海升降机厂建筑外立面的轮廓特征，再用米黄色涂料对外墙进行粉刷美化，使老旧的外墙重现生机。除保留一些原有厂房的细部外，并没有进行太多不必要的装饰，例如6号公寓楼屋顶保留下来的旧厂房天窗以及楼梯间保留下来的异形窗户。如图6.48所示。

图6.48　建筑设计效果组合图

3）提高效率

上海升降机厂的基础设施比较好，改建比新建项目可至少节约投资40%，缩短工期50%，因此在原有基础上进行使用功能的改造，可让业主尽快投入使用，大大提高效率。改建后的三栋公寓楼一共有600多间房间，租住在众鑫白领公寓的租客多数是小陆家嘴地区工作的上班族，每月工资在4000～5000元左右，而众鑫白领公寓每间房的租金在1500～2800元/月，租金相比同类型、同大小的公寓便宜200～300元，并且公寓所处地理位置优越，交通发达，加上公寓周到的服务以及严格的管理而受到周边白领的一致好评，入住率几乎为 100%。这不仅给公寓投资单位带来丰厚的经济回报，也解决了一部分人的住房问题，是一个一举双赢的举措。

（2）建筑设计

把旧工业厂房重构设计改建成公寓式公共建筑体现的是功能上的改变，而在设计上的第一任务就是要让重构改建后的公寓建筑能够满足将要居住在公寓内的人们对居住条件的要求。

首先，上海升降机厂的车间厂房原有结构可靠性良好，有一定的改建价值，平面开敞，便于对旧工业厂房重新进行划分；第二，由于改建部分要留下旧工业建筑的结构部分和厂房的外立面，所以旧工业厂房在役使用时不宜是从事高污染或者高放射性生产活动的厂房，而原上海升降机厂从事的是无污染的机械制造类工业生产，在生产过程中不会产生过多有毒有害物质从而威胁到长时间居住在白领公寓内租客的身体健康；第三，建筑物的朝向也是将旧工业建筑改建成居住建筑的必要条件，而众鑫公寓是一个典型的南北朝向旧工业厂房；第四，在对升降机厂的改建设计中，十分尊重原厂房的发展历史，很好地体现了工业建筑的工业艺术风格，延续了工业时代的历史风貌，如对原厂房外墙只进行了小幅度的修缮；最后，除了对建筑物本体的改建利用，也注重对老工业建筑周边生态环境的改善，营造出适宜人们居住的优良生态环境。

6.4.3　再生效果

（1）使用效果

众鑫白领公寓由于有便利的地理位置、周全贴心的服务、人性化的管理而深受到周边上班族的欢迎。在月租金方面虽相较同类型的出租房便宜，但是开发时利用了闲置的厂房资源，节约了建设投资，且公寓式小区的物业管理人员也是原上海升降机厂厂房所属企业的下岗职工，还解决了下岗工人的再就业问题。

（2）实践总结

虽然众鑫白领公寓取得了诸多方面的成功，但旧工业建筑改造居住建筑还是存在一些问题。

第一，旧工业建筑改为居住建筑，更改了建筑的使用功能，其在物业方面的使用性质也要进行变更，须通过规划、房地、消防等多个部门审批才能真正地改变用途，由此就会带来变更手续和费用方面的问题。

第二，旧工业厂房是原先工业时代的建筑，而在那个时期的工业建筑大多属于国有资产，对其进行改造，业主就需要明确建筑物的产权关系，不管是何种方式的运营都存在国有资产产权更替带来的问题。

第三，在对改建后的旧工业建筑进行调研的过程中，相关人员对原建筑的用途说不清楚，这多少都会影响到改造后旧工业建筑运营。

第四，从建筑设计方面来看，在设备管线空间方面，工业建筑与民用建筑的要求不尽相同；在消防与安全设施方面，是否能够满足国家现行相关法律法规及行业标准对住宅建筑的要求；改建后的公寓能否满足生态绿色节能的要求等都是需要解决的问题。

第五，当下旧工业建筑改建为居住类建筑的初衷还是出于经济性方面的考虑，因而在某些建筑改建的时候往往忽略了对历史的尊重和保护，也就丧失了旧建筑改造的艺术性，因此经济性和艺术性的矛盾也是一个值得人们深入思考的问题。

对于以上在实际改建过程中发现的问题，一方面有赖于政府相关的政策和法规的出台来填补改建方面的法律空白，化繁为简，减少项目审批过程中不必要的步骤；另一方面还需出台相关的税收优惠政策，鼓励这种改建模式的运作，加快改造再利用的脚步；再一方面也要加强改建建筑设计方面的技术，改善工业化遗留下来的生态环境问题，使改建的住宅更适宜居住，让改建建筑能够得到更广泛的应用。

6.5　无锡一酌酒吧

6.5.1　项目背景

一酌酒吧（ONE DROP BAR）位于无锡滨湖区湖滨路 11 号，处于梁溪河和京杭大运河的交汇处，紧邻无锡运河外滩，具有良好的地理位置（图 6.49），酒吧所处的建筑是由原无锡机床厂的厂房改建而来。

图 6.49　地理位置

无锡机床厂的历史可以追溯到 1912 年，荣德生先生开始提出自办民族机器制造业的构想，于是在 1938 年，开办了"公益铁工厂"，到 1948 年又开办了"开源机器厂"，再至新中国成立后，经过辗转更迭后，于 1952 年正式更名为"无锡机床厂"。2006 年万科集团获取了该地块的开发经营权并历时两年多的探索和规划，聘请国际建筑大师隈研吾先生作为总设计师来完成旧工业建筑的保护规划方案。2007 年无锡机床厂被列为无锡首批工业遗产保护单位。2011 年 5 月，"无锡机床厂"改造项目正式启动。2014 年建成了总体量约 4.9 万 m²，包括了 6 栋老厂房、沿河新建建筑和运河外滩艺术中心的综合建筑群，如图 6.50 所示。

图 6.50　鸟瞰无锡机床厂

无锡机床厂的整体改造设计是在旧工业建筑视角下去更新改造遗留建筑和滨河景观。首先建筑物是需要保护传承的代表当年中华民族新兴民族工商业的优秀历史文化遗产，而滨河景观则是代表了无锡这座城市漕运和河流文化的起源，是无锡这座城市的活力所在。在这样久经历史跨度和历经岁月洗礼的建筑内部做出一个看似与庄严历史不太符合的酒吧内部空间设计，无论是从文化价值还是改造模式方面，无疑都是一番不小的挑战。

6.5.2　规划设计

（1）酒吧空间开放性的设计

建筑技术在我国经过多年的发展，原先工业时期的旧工业建筑空间结构类型相较目前的工业建筑的结构类型不尽相同，所以在对旧工业建筑的改造工作中，要根据不同类型的工业建筑空间的特点去选择不同的改造策略。随着现代酒吧的要求越来越高，功能越来越丰富，因此对酒吧所在场地的选择十分重要。而旧工业建筑为满足以前的工业生产需求，其室内空间往往跨度较大、开放性较好，所以成为一酌酒吧的首选场地。在改造时建筑师保留了建筑物在平面上的原有特点，并在此基础上，充分地利用矩形平面在空间上可以比较节省的特点，用其来组织和划分内部空间，以满足酒吧在功能设计的要求。如图 6.51 所示为一酌酒吧的空间开放性设计。

（a）内景一　　　　　　　　　　　　　　　　　　　（b）内景二

图 6.51　一酌酒吧的空间开放性设计

（2）打造酒吧空间的多功能性

随着经济发展水平的稳步上升，酒吧对开放性的功能有了更高的要求，所以酒吧也正在向多元化、多功能化发展。酒吧早已摆脱了给人一种比较混乱的印象，已经发展成为人们饮酒放松的场所，除了饮酒，人们还可以在这里聚会、休闲和娱乐等，这些新时代的发展就对酒吧设计提出了更高的要求。另外，拥有一个积极向上的酒吧文化也能给人传递更多正能量，在设计中建筑师赋予了酒吧空间更多的附属功能。比如，在酒吧一角设置静吧区，并布置一些小型的画展或文化艺术品的展览；还可以将一些精美的出版物或工艺品在酒吧中展示。顾客可以在欣赏艺术品的过程中品尝美酒、放松自己，也使酒吧更具文化和艺术气息，提高顾客对酒吧的认可度，从而吸引更多的顾客前来消费。

在旧工业建筑改造设计中，内部空间改造的多功能性要结合外部整体环境去考虑，不单单要做到整体环境与个体环境相统一，还要做到在符合周围环境的条件下突显自身的特点。如图 6.52 所示为一酌酒吧的空间多功能性设计。

（a）一酌酒吧静吧区　　　　　　　　　　　　　　（b）一酌酒吧内部艺术品展示

图 6.52　一酌酒吧的空间多功能性设计

（3）室内空间与室外环境的结合

通过研究旧工业建筑改造成艺术园区或创业园区后的效果，会发现改造后的旧工业建筑往往会形成一个整体的区域文化氛围，这种文化氛围不单单是靠建筑群这个单一的意象去形成，还与旧工业建筑所处的外部环境有很大的关系。旧工业建筑的外立面上都会有比一般民用建筑门窗洞口尺寸更大的洞口，这一般是为了满足工业建筑在工艺生产上对通风和采光的要求，这些高大的门窗在改造时就可以充当室内空间和室外环境进行交流的良好媒介。白天可以透过高大的落地窗看见酒吧内部的艺术作品，也可以在室内看到室外旧工业建筑的外部环境，以及园区内的景观绿化、道路和建筑小品，给人们惬意舒适的感觉，使人们能够更好地得到放松，如图 6.53 所示。

　　（a）内外结合一　　　　　　　　　　　　　　（b）内外结合二

图 6.53　一酉乍酒吧内外整体结合设计

每当夜幕降临时，酒吧内或是充满了色彩绚丽的灯光，或是轻盈缓和的音乐，再加上摆在酒吧外明显位置的宣传海报以及吧内展览的艺术品等透过高窗传递给在室外休闲的人们，引起他们的好奇心吸引顾客，并自然地把酒吧融入整个旧工业建筑群的大环境中去。

（4）"新"与"旧"的融合

旧工业建筑改造不是盲目地改造旧建筑，也不应该是一味地追求新兴从而导致改造后的建筑面目全非。旧工业建筑想要去建造一个全新的建筑形象出来，往往有一定的难度，建筑师一般综合考虑在旧建筑形象的基础上有选择地对旧工业建筑的部分元素进行保留，在保留原先建筑元素的基础上对其进行更符合人们想要使用的空间意象去改造，这样的改造方式才是旧工业建筑改造的目的和原因所在。

对于旧工业建筑的改造项目来说，有利条件是由于工业厂房往往会设置天棚采光，所以改造后的旧工业建筑的采光条件较一般建筑会好一些，尤其是在自然光运用方面。酒吧在夜间照明的人工光源可以选择多种形式的节能灯，在一些艺术照明上可以选择LED 光源，给酒吧空间营造悠闲的气氛。如图 6.54 所示为一酉乍酒吧内部的"新旧"结合设计。

（a）一酚酒吧的内部节能灯设计　　　　　　（b）保留天窗架加强了酒吧内部的采光

图6.54　一酚酒吧的空间多功能组合设计

6.5.3　再生效果

　　一酚酒吧成功的改造，验证了酒吧这种新兴产业在旧工业建筑改造中存在的可行性。首先改造后的旧工业建筑常常作为新的商业或文化产业园区，会有很多相关工作人员在其中生活、工作，在解决部分人员就业的同时也能很好地吸引观览游客和喜欢艺术的人群；其次，旧工业建筑在工业生产时期一般位于城市边缘，但随着城市的慢慢扩大，慢慢会由边缘位置扩展到一个地理位置较为优越的地方，在这里不仅场地面积较大，交通也十分便利，从业态分布上来说，如果做一些有自身特点的业态，如酒吧、小吃等能吸引更多的人们前来体验游玩，从而也促使这个区域更有活力；再次，从酒吧业态来说，这一商业业态属于"轻餐饮业"，相比其他餐饮业来说，不会有太多的油烟等污染环境。综上，酒吧设计在旧工业建筑遗产改造中有其存在的可能性，酒吧也可以作为旧工业建筑再生利用中的一个组成部分，也是旧工业建筑改造中值得我们借鉴、思考和研究的一种新兴业态改造内容。

6.6　柳州工业博物馆

6.6.1　项目背景

　　（1）项目概况

　　柳州工业博物馆位于柳州市城中区的文昌大桥东南侧，西南侧为柳州市重点建设的"十大工程"之一——窑埠古镇。北面为文昌桥引桥，而引桥的北面是柳州市政府。这个地段作为政府的重点规划地段，是用来展示整个城市面貌的地方，是旅游的窗口。东南面为会龙山，南面为螺蛳山，环境优美。待项目周边规划实施后，地块周边设施齐全，服务方便，有星级的宾馆、商业街等设施，如图6.55所示。

　　"三棉所在的地方，本身就很有来历"。20世纪50年代，柳州城市化发展迅速，城市建设需要大量砖瓦等建材，由于位置靠近窑埠码头便于交通运输，国家投资在这块土地上建起了窑埠砖厂，砖厂经营到"文革"期间，开始用"立新砖厂"的新名称。在该地区的城市土地开发后，建立了一个储存厂。1966 年，上海恒业帆布厂迁至柳州，更名为柳州帆布厂。随后，其他几家工厂的合并成立了后来的"三棉花"。这片土地代表了柳州产业转型的轨迹，现存的建筑物都保持原有的风格，加上窑文化区、柳州工业博物馆的建设，意在展现柳州的工业历史、企业文化，向人们诉说柳州这个工业城市的发展史，同时体现柳州从"柳州制造"到"柳州创作"的开拓精神。

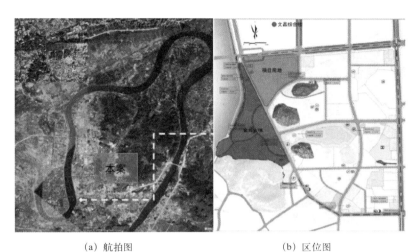

(a) 航拍图　　　　　　　　　　(b) 区位图

图 6.55　项目地理位置

(2) 现状分析

1) 项目用地现状

工业博物馆项目是一个长方形的四边形，其中有若干车间、办公楼、宿舍楼、临时建筑和景观结构。大致按两个方向进行排列，推测原为两个厂区合并组建而成。整个厂区由北边规划路进，入口为正南北向，车间 1～5 亦为正南北向，位于厂区东侧；车间 6～10 靠近东堤路，位于厂区西侧，排布方向约为北偏西 30°。整个场地的建设规划相对随机且分散，需要采取必要措施进行权衡和组织，如图 6.56 所示。

(a) 项目布局图　　　　　　　　　　(b) 项目航拍图

图 6.56　项目现状布局

2）建筑现状分析

旧有三棉厂房主体建筑虽然历经50多年的历史风霜，主体仍然牢固，其锯齿形屋顶极具标识性，红砖石材的外墙也很能反映20世纪70年代和80年代建筑特有的规划和利用。地块内各建筑的现状调研情况登记见表6.2。

厂区各建筑信息 表6.2

楼号	原使用性质	结构体系	建筑面积	外墙材质	现状图
1号楼	办公楼	框架结构，较为稳固。五层	3270m²	石米	
5号楼	棉花厂房、职工1宿舍	框架结构，较为稳固，三层	22305m²	红砖，柱梁部分外露	
6号楼	库房	框架结构，单层，属加建性质	994m²	红砖	
7号楼	库房	框架、木架结构，档次不高，单层，属加建性质	680m²	红砖	
8号楼	库房	框架、木桁架构结构，单层	104m²	红砖	
9号楼	纺织厂车间	框架结构，单层，层高较大	5548m²	石米，造型有特点	

楼号	原使用性质	结构体系	建筑面积	外墙材质	现状图
10 号楼	办公	框架结构，中层，局部二层	640m²	涂料，砖砌块	
19 号楼	库房	框架，二层	894m²	石米	
20 号楼	宿舍	框架，四层较为稳固	1856m²	石米	
11 号楼	办公	框架结构，二层，局部四层，较为稳固	2400m²	石米	
12 号楼	车间	框架，单层，较为稳固	1837m²	石米，涂料	
13 号楼	车间	框架，二层，较稳固	8988m²	石米，涂料	
14 号楼	车间	框架，单层，局部二层	3502m²	石米，涂料	
15 号楼	车间	框架，三层，较为稳固	4077m²	石米	

楼号	原使用性质	结构体系	建筑面积	外墙材质	现状图
16 号楼	设备房	砖混，二层	495m²	石米，涂料	
17 号楼	设备房	砖混，单层	56m²	石米，涂料	
18 号楼	公厕	砖混，单层，档次较低，属临建性质	86m²	红砖	
21 号楼	厨房、仓储	砖混，单层，属加建性	362m²	石米	
22 号楼	饭堂	框架，单层，局部二层	479m²	石米，涂料，造型有一定特点	

6.6.2 规划设计

（1）园区规划

1）功能分区

全面考虑了项目背景、地块的位置以及博物馆未来的发展需求。该项目结合柳州中小工业城市的地方特色，分为三个功能区：展览区、服务区和办公区。展览区具有博物馆的主题功能，办公区是展览区的存储、管理和其他功能，如图6.57所示。

①展览区

根据现有建筑结构跨度和高度的特点，该厂中部现有的五个大型车间均已批量生产。形状、内部空间尺度、照明和通风都适合转变为展览空间，可以作为工业博物馆的展览区。主要展区、企业展区、世界工业科技成果展区、互动展区和电动展区分别安排。每个展览功能区通过增加一个联络大厅串联连接，每个联络大厅都是下一个展

(a) 功能分区图

(b) 鸟瞰图

图 6.57　功能分区

览功能区的入口和前一个展览功能区的出口。联络大厅前有一个独立的收集和分发广场，展览线可以分开。

②服务区

服务区由休闲服务区和户外支撑场两部分组成，这是博物馆的支撑功能。它也是博物馆的主要业务和创收部分，以达到"以馆养馆"的目的。休闲服务区包括电影院、企业家俱乐部、服务中心和接待中心等。在有利管理的基础上，安排在小区西侧的东地路段，与窑龙古镇的商业街相呼应，形成商业集聚效应。户外配套设施包括停车场和户外活动区。

③办公区

包括两部分：技术办公室和收集仓库。它被放置在场地的中南部，并由原始的工厂建筑和仓库转换而来。靠近展览区，相对隐蔽，可以通过特殊的通道与外界沟通。

2）交通流线组织

①出入口设置

分布在东南和西北四个方向，共有四个出入口。北向出入口为主出入口，临近展区，与市政府大楼呼应，与城市空间形成渗透和对话。南行入口和出口是次要入口和出口，这是访问流的结束和物流办公室的入口和出口。西向出入口为工业博物馆服务区的对外联系口，沿东堤路展开，充分考虑经营的需要，力求效益最大化。东行入口是旅游巴士、消防车和物流车辆的公共汽车入口。

②参观流线

可分可合的流线设计，参观者从北入口进入工业博物馆，然后参观主展区、企业展区、世界工业科技成果展区、互动展区和移动展区。从南向、东向出口出馆，结束参观。此外，考虑展览的档期安排，游客参观选择的灵活性，可经北两个入口，通过设计的室外步行游览线随机进入各个展区。

③人车流线

采用人车分流的模式进行组织，人行流线分参观流线和商业流线，参观流线主要设计了一条连接南北出入口的步行系统，商业流线分为由东堤路进入的商业人流和与参观流线联系的人流。在平时运营中车流仅限于连接东、南入口停车场及后勤办公区道路。

④消防流线

在火灾发生的紧急情况下，消防车可利用东南西北四个方向的出入口进入场区，并通过设计的环形闭合消防通道抵达火灾现场。如图 6.58 所示。

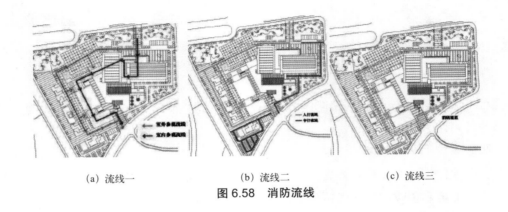

(a) 流线一   (b) 流线二   (c) 流线三

图 6.58　消防流线

3）景观规划

采用与生态景观相结合的战略，与历史背景相融合。在地块中保留当地常见的树种，如小叶蝉、高山橡树和榛子，并根据需要进行移植。保留旧工业建筑上依附的大面积藤蔓类植物爬山虎，形成特色景观。在景观规划和设计中，植物景观是主要策略，创建一个全年令人愉悦的生态景观系统。

地块中的工业结构，即高炉用作景观和视觉中心。收集工业零件，并在二次加工后将其设计成景观件。提升"追忆激情燃烧的火红年代"设计主题是在巡回流中添加"跟踪"概念，如图 6.59 所示。

(a) 高炉   (b) 火车头

图 6.59　景观小品

（2）建筑单体设计

建筑单体设计是旧工业建筑再生利用的关键环节，设计成果直接影响建筑再生利用后的使用和总体形象。

1）主展馆

主展馆由原来的 15000m^2 纺纱车间改造而成。旧厂房的立面材料主要是红砖。天窗是锯齿形的，北方一侧充满了节奏感，如图 6.60 所示。

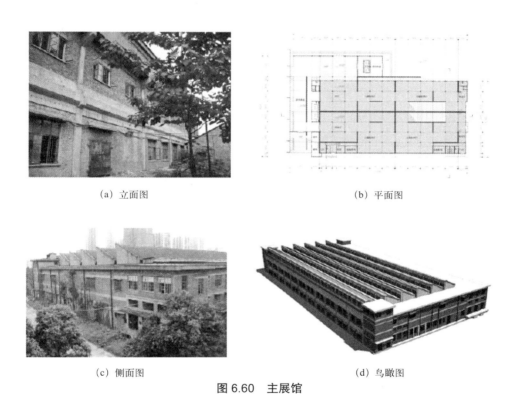

（a）立面图　　　　　　　　　　　　　　（b）平面图

（c）侧面图　　　　　　　　　　　　　　（d）鸟瞰图

图 6.60　主展馆

建筑物的外立面经过修缮和翻新，尊重原有的建筑立面，只修理和更换门窗，最大限度保留历史外观和工业记忆。在保留原有结构体系的基础上，仅采用水平分离方法对建筑物内部空间进行重新划分，创造出光滑实用的光影展示空间。在建筑物质量转换方面，采用外部插入和添加的方法，并且在植物的西北角插入方形体积作为入口门厅。玻璃和钢材用于创造一个清洁和工业美丽的入口。

2）企业展馆

作为整个博物馆最重要的展览区之一，企业展馆需要一个类似于主展馆的大型建筑空间，如图 6.61 所示。考虑到企业展馆可能将主展馆与大型展览相结合，主展馆西侧的原创空气纺纱车间将转变为企业展馆。原始建筑是一幢单层建筑，屋顶上有大容量和曲折的天窗。它的改造方法类似于主展馆，基本上尊重原有的建筑立面，重点是内部空间的水平分离，中心作为大型展览场地，以及四个独立的展厅。值得一提的是，企业展馆通过主厅阁和主展馆相连，使两个展馆成为一个空间。从变换的角度看，它是空间变换的空间整合方法。

(a) 内景   (b) 局部鸟瞰

(c) 外景   (d) 整体鸟瞰

图 6.61　企业展馆

3）世界工业科技成果展区

世界科技成果展区由原来的脱胶车间改造而成。窗口开口规律，单层大空间，层高尺寸大，如图 6.62 所示。在建筑外墙的翻新中，仍然采用翻新方法，尽可能保留原有的建筑外墙，并且部分维修和更换门窗。在空间转换方面，为了充分利用相对宽敞的内部空间，采用了垂直分离方法，采用轻钢结构建造了二层展览空间，丰富了空间层次。内部通过一个大坡道与二楼串联连接，为游客提供了各种空间变化的感受。同时，采用外部水平加法，在旧厂房北侧建造了一个小方形体验空间，加强参观者与展品之间的互动，使整个展厅成为一系列展览和体验。一个新的空间，可以创造与工业记忆的对话，并反映时代的特点。

4）互动展区、临时展区

互动展区由原来的昌马纺织车间改造而成，临时展区由原来的短亚麻纺织车间改造而成，如图 6.63 所示。两个车间相邻，原始立面材料主要是淡黄色石米。二楼部分为四层，外立面风格简约，平面大致呈方形和长方形。两者在建筑立面、室内空间和建筑体中采用了相同的改造方法。在建筑立面的翻新中，采用了新旧对比方法，大部分建筑立面得以保留，只有西部服务区是一个由新材料和新颜色组成的新外观。改造中使用的红

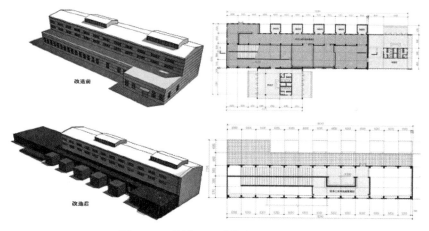

图 6.62 世界工业科技成果展区图组

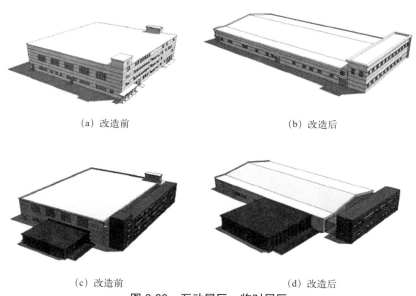

（a）改造前 　　　　　　　　　（b）改造后

（c）改造前 　　　　　　　　　（d）改造后

图 6.63 互动展区、临时展区

色金属既紧扣"追忆激情燃烧的火红年代"主题，也营造了活跃的氛围，新旧场景对比强烈传达了浓厚的工业氛围。建筑物的内部空间在空间上集成，并且灵活地利用上部和下部空间，重建多个高交通空间以使得上层和下层在视线之间能够更好地相互作用和通信，在建筑体积的翻新中，南侧增加了一个方形的门厅和休息室。

5）服务区

工业博物馆服务区所在地块原为一座汽车修理厂，紧靠东堤路，与窑埠古镇相邻，易吸引来往游客，是最适合开发商业服务产业的地块，如图 6.64 所示。同时由于它的显著位置，在整体视野上必须考虑与城市空间的融合。根据整个服务区的地理位置及其功能职责，改造后的设计应与展区的建筑风格有很大的不同。总的来说，它应该是一座新颖的现代建筑。整个服务区域可被视为整个工业历史区域的一个能量元素，与记录柳州工业史的旧厂形成新旧对比，建筑风格与古代窑镇以及该地区西部的建筑风格也大不相同，丰富了城市的形象。

在这种转型理念下，设计对原有的汽车修理厂进行了重大改造，只保留了必要的结构、侧墙、垂直交通，并完全取代东西立面，使其焕然一新，成为一个创业俱乐部。服务区再次呼应了"火焰时代"的设计主题，并且在选择外墙材料时使用引人注目和现代的红色金属板。街道一侧的墙面纹理是以坚果的六边形为基础，寓意"工业"，这使得整个建筑形象非常具有工业美感，体现了柳州这个工业城市的特点。功能布置上，主要由四个部分组成：接待中心、娱乐、服务中心、4D 影院，旨在向中外游客宣传柳州的工业历史和城市文化。

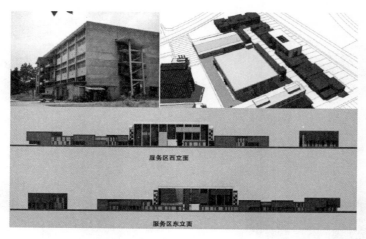

图 6.64　服务区

6) 办公楼与库房

办公楼与库房位于整个片区的中部，属于工业博物馆的后勤部分，分别由原来的行政楼和仓库改建而来，如图 6.65 所示。

由于两部分在位置上比较靠近，而且技术办公与文物库房的功能联系比较多，所以考虑把二者合并在一起进行改造。在两者之间增加连接体作为库房，首层作为进入两栋建筑的共用门厅。由于原来仓库层高较高，所以在二、三层间进行了竖向分隔，增加了一个夹层，以增加文物库房的使用面积，增加后的平面基本与办公楼的平面相平。考虑到原行政楼的西侧山墙有比较茂密的爬山虎，所以在西侧墙体特意留下了狭长的中庭空间，库房与办公楼之间由一条连廊连接。在立面改造中，采用了皮肤替换的方法，由于原来行政楼的立面比较传统，因此考虑将其外墙拆除，增加玻璃，外面再做一层百叶进行覆盖。而库房在外立面增加红色的钢框架，与沿街的服务区的红色风格取得一致，表皮的改造以强烈的时代感取代整个建筑。

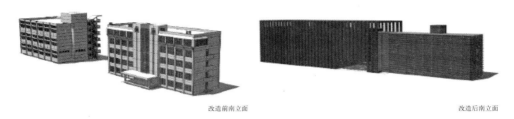

改造前南立面　　　　　　　　　　　　　改造后南立面

图 6.65　办公楼与库房

7）游客服务中心

游客服务中心由原来的厨房和餐厅改建而成，如图 6.66 所示。原有建筑具有鲜明的特点。厨房正立面上有 3 根约 10m 高的烟囱，屋面有侧窗采光，餐厅的层高较高，屋顶为折板造型。由于原厨房的建筑体量相对比较大，可以改建为服务中心与卫生间。而原餐厅是框架结构，可以将外墙拆除，改造为通透的休息空间，同时可在局部加建一个夹层空间作为咖啡座。建筑的东西山墙增加遮阳百叶，两栋建筑的改造手法可总结为：新旧对比立面翻新，空间翻新水平分离。

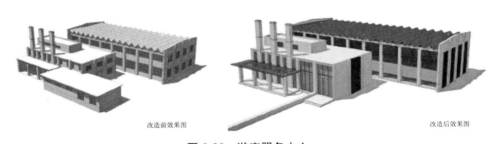

改造前效果图　　　　　　　　　　　　　改造后效果图

图 6.66　游客服务中心

（3）生态节能设计

生态节能技术在旧工业建筑再生项目中的引入已成为一种新趋势。由于柳州工业博物馆园区面积大，建筑数量较多，引入生态节能技术可以有效地降低建筑能耗、节约运行成本。柳州工业博物馆的主展馆与企业展馆原厂房屋顶有大面积的锯齿天窗，倾斜角度 38°左右，其朝向和面积都适宜太阳能光伏电板的架设，因此，将太阳能光伏系统应用于该项目改造之中，系统由 2400 块 240W 英利高转换率光伏组件组成。该项目被列为光伏电建筑一体化示范项目，于 2013 年 6 月 17 日正式启用，并网发电解决场馆部分电能需求，每年可节省电费约 40 多万元，如图 6.67 所示。

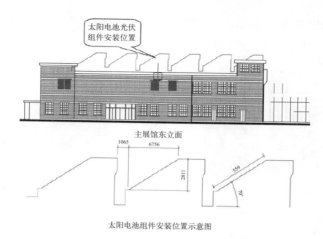

太阳电池组件安装位置示意图

图 6.67　生态节能设计

6.6.3　再生效果

（1）使用效果

项目建成后，柳州工业博物馆已成为当地居民参与活动和休闲的热门场所。不仅有大量的政府机关单位、企业单位和学校组织团体参观活动，更重要的是它已成为市民进行集会、观展、休闲、娱乐等城市活动的新场所。据柳州市文化部门提供的资料，柳州工业博物馆也已成为柳州市重要的接待单位，其体现了柳州的工业历史，传承了柳州的人文精神，富有特色的建筑形象也成为柳州的新地标，如图 6.68 所示。

图 6.68　再生效果

（2）实践总结

将旧工业建筑区域再生为柳州工业博物馆是旧工业建筑改造和再利用的设计实践成果。从背景研究、理论研究、案例研究、现场调查到整个区域的最终设计完成，建筑师都力图从城市宏观视野出发，综合考虑其改造模式的选择，以及与城市空间、生态景观、历史文脉的关系；从延续工业历史环境、融入时代发展的大目标出发，针对不同的旧建筑采取了各不相同的改造手法；从立面改造、空间改造和建筑体积改造三个方面入手，保留了一些旧建筑的历史面貌；同时也对一部分建筑进行了较大幅度的改造，把旧的建筑同新建筑结合在一起。

6.7　深圳云里智能园

6.7.1　项目背景

深圳云里智能园（以下简称云里智能园）地处广东省深圳市 12 大重点区域之一的坂李创新产业大道核心地带，位于深圳市龙岗区坂田街道坂雪岗大道与发达路的交汇处，与地铁环中线坂田站的距离仅为 200m。园区旨在建设一个拥有智能硬件和智能设备的全生态产业链产业园区，它具体包括主力智能区、加速区、孵化成长区和生活配套区等。基地毗邻华为科技新城，周边交通便利，确保了国内外便捷的商务交流及往来。如图 6.69 所示。

园区前身为深圳坂田物资工业园，曾是深圳工业园区发展的典型代表，占地面积约为 7.53 万 m²，它主要由 8 栋厂房（1～8 号楼）、3 栋宿舍楼组成，总建筑面积约为 8.60 万 m²。

随着整个产业结构和环境的不断变化，坂田物资工业园也不断发生变化，由原来的传统工业园区逐渐转变为现在的"小作坊式"的产业园，各个空间被分散出租，但是由于疏于统一的管理，导致园区环境和业态质量日益恶化。随着"互联网 +"兴起，园区转型的需求越来越迫切。

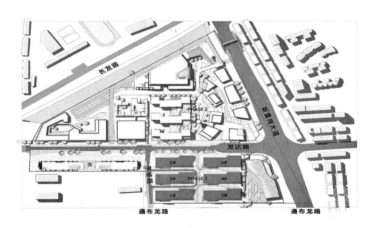

图 6.69　地理位置

云里智能园作为龙岗产业升级战略的重要组成部分，积极响应国家及地方的产业政策，目的是通过全生态产业链的建设，将园区打造成集众多产业于一身的创新产业聚集地，它包括众创空间、智能硬件试产基地、供应链管理与研发孵化中心、加速器、品牌发布中心等。为了应对产业调整，将 1～6 号楼的一层改造为商业和餐饮空间，2～6 层改造为对外出租的办公空间。考虑到成本因素，整个地块的改造维持原有的脉络和格局不变，旧建筑将被功能置换，改造翻新旧建筑的外立面、内部空间以及外部景观，以提高使用价值。

改造的第一阶段项目为建于 1992 年的 1～6 号工业厂房，占地面积约为 2.36 万 m²，每栋均为首层 4.2m、其余各层 3.8m 的 6 层框架结构，没有地下室，其总高度均为 23.38m。由于过去极速扩张的工业模式，导致当时建造的内部空间单一并且外立面单调，虽然凸出的核心筒能将建筑体量分开，但是立面元素没有明显的视觉指向性，原有建筑如图 6.70 所示。

（a）外景一　　　　　　　　　　　　（b）外景二

图 6.70　原有建筑景象

6.7.2　规划设计

在 20 世纪信息技术飞速发展的时代背景下，科技园的建筑设计在建筑结构、平面空间划分和立面设计方面都有了更高的标准和要求。

（1）结构设计

考虑到功能使用的多样性、不确定性和两面性，云丽智能园的建筑布局设计趋于结构简单、使用统一的柱网模数，为建筑空间的合理布置提供了最大的灵活性，以适应创新公司的不断流动和变化以及工业活动的相互作用。灵活性是指幅度相对较小的快速变化能力，适应性涉及长期、大规模的战略性变革。

在这种转变中，原始的框架结构体系基本上得以保留。结构稳定性评估后可对局部结构进行加固。根据改造设计方案，结合幕墙设计，在建筑物东西两侧的山墙上增加了局部钢结构，实现了幕墙的悬挂和安装。

（2）平面设计

云丽智能园区在功能和空间划分上呈现出"清晰"和"模糊"的双重特征。清晰主要是指功能导向的空间划分。在"互联网＋"时代，智能园区可分为办公空间、生产空间、共享服务空间和商业支撑空间。不同的功能空间有不同的构造要求，不同空间的划分应清晰明确。

　　建筑空间的模糊性主要取决于研发行为本身的特征，研发活动是一种基于科研创新交流的新活动，因此建筑空间需要能够创建适合交流的各种场所，并且这种交流表明某些活动场所的功能有重叠和交叉。1 ～ 6 号厂房首层平面图如图 6.71、图 6.72 所示。

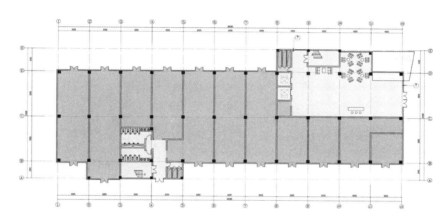

图 6.71　1 号、3 号、5 号厂房首层平面图

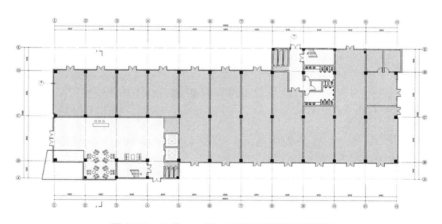

图 6.72　2 号、4 号、6 号厂房首层平面图

　　为了迎合新的建筑功能，将原有建筑中的开敞平面做了相应的调整。首层空间改造为商业功能区，保留原来的 6m 间距柱网，具有南北贯通的特点，商业面宽 / 进深保持在近似 1∶2.5 的最佳比例；2 ～ 6 层的办公平面具有两种平面布局形式。它依据不同的空间面积需求提供公共走廊，业主按照租户的使用要求提供 40 ～ 1000m² 面积不等的户型。

　　第一层的山墙部位与电梯位置相结合，设计一二层通高的大厅空间，另外这 6 栋建筑的大厅都集中在中央景观道两侧。

（3）立面设计

外立面是园区建筑改造的重点，设计理念主要通过以下几个方面实现。

①立面划分

考虑到改造的成本，保持了建筑原有立面的基本构架和元素。将原有立面的凌乱线条和琐碎斜线都统一为水平和垂直的大体块划分，同时，增加了窗户的开口面积，使得更多的自然光进入室内，提高天然采光效率。1～6号厂房⑫—①立面图如图6.73所示。

图6.73　2号、4号、6号厂房⑫—①立面图

②角落打开

为了增强建筑物的通透性，原建筑东侧和西侧的封闭山墙被打破，在山墙及其角落处使用倒角玻璃幕墙。通过玻璃盒子将城市景观引入室内也确保了面向城市干道的一侧可以拥有更好的城市界面。各层玻璃盒子，在原始结构的基础上，外挑出0.5m并做圆角处理。

灯光放置在每层的底部，以增强玻璃盒子的通透感。圆角处理后效果如图6.74所示。

（a）景观一

（b）景观二

图6.74　园区引入景观

③主立面整合

主立面通过简单有效的设计为立面赋予了新的动态表达：根据原始立面结构的位置，将不同长度的铝扣板与 LED 灯条设计相结合，在外立面上形成高低错落的渐变效果。统一空调室外机的位置，将其隐藏在立面上的垂直格栅后面。芯管部分采用相同材料的垂直栅格与 LED 灯条组合处理，以进一步增强垂直设计。在颜色方面，将黑白灰与温暖的光线相匹配，以增强立面的层次感，如图 6.75 所示。

（a）景观效果一　　　　　　　　　　　　　　（b）景观效果二

图 6.75　高低错落的渐变效果

④主入口营造

在入口大厅，根据原始结构，在景观中添加了一个标志性遮阳篷。入口标志和水景与遮阳篷和倾斜支撑相配合尤为引人注目。水池从大厅的外部延伸到内部，营造出仿若"无边界"的室内景观。大厅的室内设计简洁明快，一二层通高的设计可以将自然光线更多地引入室内，如图 6.76 所示。

图 6.76　入口大堂的雨篷

6.7.3 再生效果

云丽智能园区得到深圳龙华区政府的重点培育，作为产业孵化基地，先后获得了深圳市孔雀计划孵化基地、深圳市龙岗区创新产业园区、深圳市投资推广重点园区、龙岗区创新产业载体联合会监事单位等资质认定。云里智能园作为深圳市龙岗区产业升级战略的重要组成部分，推出一站式云服务体系，全面解决企业需求；从加速器、品牌发布中心、智能硬件试产基地、众创空间、供应链管理再到研发孵化中心，通过全生态产业链的打造，全面加速创新型企业的产业孵化。该园区的再生效果鸟瞰图如图6.77所示。

图 6.77　园区再生效果鸟瞰图

6.8　内蒙古工业大学建筑系馆

6.8.1　项目背景

（1）再生条件

内蒙古工业大学建筑馆位于学校中心地段，由原校办工厂中的铸工车间改造而成。铸工车间始建于1968年，由内蒙古机械厅投资建设，曾作为学校的教学实践基地。随着社会工业生产从劳动密集型逐渐转向信息技术为特征的知识产业型，车间各部门陆续闲置，校办工厂渐渐退出了历史舞台，从1995到2008年整体处于废弃状态。铸工车间曾经在学校产学研结合方面做出了重要贡献，是学校发展历史中重要的组成部分。整体位置如图6.78所示。

铸造厂房所处位置优越，但由于破产多年无人管理及体量过大，已经严重影响了校园空间环境质量和学校将来的发展。2008年，学校开展了是否保留这些旧厂房的探讨，决定基于文化生态和资源生态策略，利用有限的资金，将旧厂房更新改造成建筑系馆，赋予了旧工业建筑新的使用功能，如图6.79所示。

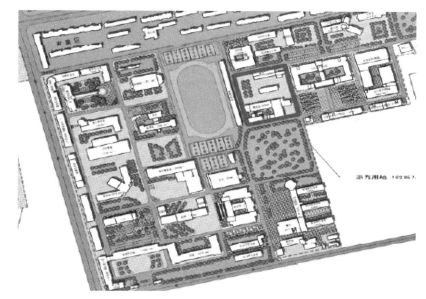

图 6.78　内蒙古工业大学校园及建筑馆位置

图 6.79　铸造车间原貌

（2）现状分析

旧厂房原建筑面积约为 2060 m^2，是框架与混凝土桁架组成的混合排架结构，经过改造，建筑面积可由原来的 2060m^2 增加到了 6000m^2，空间上可以满足建筑学专业三个年级的公共教室使用要求。改造后的厂房集专业教室、展览厅、评图室、阅览室、报告厅、艺术沙龙等功能为一体，实现了为建筑学院创造科研、教学、学习、交流等空间的预期构想。另外还有专门的模型研究室、计算机研究室、物理试验室、天光教室等功能空间。南侧和东侧体量较小的厂房，分别被改造为报告厅与办公楼，满足了建筑学院基本的办公空间使用要求。在整体建筑用材中，原铸造旧厂房的废旧材料的再生利用占了整体用材的 90%，实现了极大的经济效益和环境效益。改造后的功能分区如图 6.80 所示。

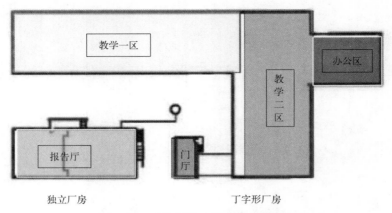

图 6.80　改造后的建筑系馆功能分区

6.8.2　规划设计

（1）内部空间设计

1）内部增层

十几米高的开敞车间引导着改造以一种开放的方式布置建筑馆的功能。首先，为了利用旧工业建筑高大空间的这一优势，即通过内部增层以获得更多的使用面积。与此同时，增层设计始终遵循一条原则：在更有利于视野通透的位置增层，积极营造水平无阻、上下通透的开放视野。当然，这种视野的通透也肯定会造就了光和空气的流通，而它们三位一体的流通则又进一步加强了空间交流的质量，实现了"绿色"的初衷，消除了楼层与楼层之间带来的隔阂感，如图 6.81 所示。

（a）内景一　　　　　　　　　　　　　　　　　（b）内景二

图 6.81　建筑馆内部增层设计

2）水平方向

①水平方向通过运用不同材料的隔墙进行界定与分隔空间，创造出开放的、半开放的、私密的、半私密的空间以适应建筑的各种功能的需要，如图 6.82 所示。

图 6.82　不同材质的隔墙创造出的不同类型空间

②室内加建廊、桥将分隔的小空间串联合并，使各个功能之间相互渗透、联系紧密。在开放区域，根据各功能之间的联系程度和人流的动线特征，将这些开放区域用桥进行搭接以增加联系，比如走道、楼梯、休息平台等，从而形成了各式各样的、相互联系的交往空间。此外室内桥的运用相对于整个屋面层的搭建，能够让自然光尽可能地引入到底层，使空间显得更加开敞。两个厂房之间也用桥连接，既使得空间之间联系紧密也获得一些室外的交流空间，如图 6.83 所示。

图 6.83　建筑系馆内部连廊

③系馆的入口设在中部院子的核心地区，扩大的门厅是室内空间动线的起点，同时也是室内外空间的过渡空间，起到接待、传达、等候、休息、交流和疏散等作用。此外

在寒冷的内蒙古地区也起到了防寒的特殊功能。门厅是钢和玻璃的构筑物，玻璃的通透带来一种视觉的享受，院子中的景观尽收眼底。玻璃的运用营造出新旧相融的场景，表达了对原有场所元素和空间尺度的尊重，如图 6.84 所示。

图 6.84　新建的门厅

3）垂直方向

基于室内的高度较大，为了解决改造后的建筑底部的采光，整体的自然通风和人流的组织流线等要求，在合适的位置设置了两个通高的共享大厅空间。在此类共享空间的一侧加建多段的直跑楼梯以连接各层，并将各个展览空间和楼梯相结合以消除封闭的空间带来的隔阂感，形成了展览平台呈单元式，并随着直跑楼梯逐渐地抬升，淡化了楼层感的同时也联系了各个楼层，使整个建筑无论层高而相互贯通、相互联系。此类空间也可以作为交流的空间使用，同时室内也加建了一些钢梯，来满足竖向的交通和人流的疏散要求。此外，虽然钢梯和砖梯两种不同的材质传达着不同的性格特征，但是和旧的结构材料相融相生，如图 6.85 所示。

图 6.85　新建钢梯突显了历史感

（2）外部空间设计

1）庭院的改造

机械厂是一个铸工车间，最初是生产机械设备的厂房。厂房特有的工业流程决定了其功能布局特征。原有的工业厂房有两个院子，经过整合改造的建筑系馆有三个院落空间，包括中、东、西三个，它们构成了外部空间的精华所在，也是整体空间动线系列的开端。旧厂房的中部院子是人流的主要集散地，是院落组合的核心区域，改造后为了满足系馆的交通要求，将其整合成进入建筑系馆的前院，成为入口的必经之地。西部的院子，是在改造的过程中南北车间之间的天桥围合出来的院落空间，是中院的前院，也是进入主题院落的入口空间，起到引导人流的作用，如图 6.86 所示。东部的院子原来为放置吊车和材料的场地，由于自然沉降引起了一定的下沉，改造过程中因地制宜的通过用围墙处理边界，利用高差的优势做成台阶，再用框架梁围合加以铺装木地板，形成中心场地，同时也为校园提供了一个表演、演讲、教学等的舞台，如图 6.87 所示。

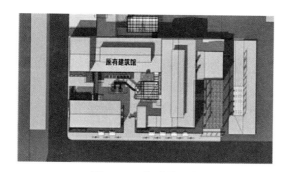

图 6.86　庭院的分布

图 6.87　东部院子

在对外部空间的改造中，从院落的位置和功能进行改造整合，基本满足了建筑馆的要求，作为旧厂房和学校之间的链接，使二者的衔接更加和谐，成功把校园中落后的元素变成了进步的空间。

2）景观的改造

对于厂房的改造不能单从建筑层面进行考虑，还需要与室外的景观有机地结合，使改造的建筑成为一个比较完整的、有联系的整体。在建筑馆的景观改造过程中，对景观的改造采取部分保留和旧材料循环再利用以及部分新建的改造策略，体现了"绿色"的改造宗旨。

①保留部分。一些能够反映当时工厂盛况的、有代表性的旧机器和构件，在改造的过程中被部分地保留了下来；对于影响室内空间使用的和易造成危险的部件，拆除之后将其摆放在室外用作景观小品，以唤起人们对于建筑系馆前身的历史记忆，如图 6.88 所示。如系馆中沙龙区和办公区的两个大的冲天炉、庭院中的煅烧炉、草坪中的机械装置等的

处理形式。

改造过程中保留了旧厂房周边的一些有价值的树木,在设计和施工的时候做了精心的保护,采取一些退让和保护措施,体现建筑和自然和谐共生的生态策略,也为系馆创造了舒适的室外环境,如图 6.89 所示。

图 6.88 旧机器构件组成的景观小品

图 6.89 保留的树木

②旧材料的再利用。旧材料的更新再利用在景观塑造过程中起到重要作用,一些拆下来的废砖用于铺装和建造一些矮墙、虚墙、座椅等来限定空间,如图 6.90、图 6.91 所示。

图 6.90 旧材料做成的座椅

图 6.91 旧材料做成的矮墙

③新建部分。改造时也植入了新的景观元素,入口处的水池使室内空间与院落相互渗透,营造出一种诗意、画意的空间界面,如图 6.92 所示。此外,院落的西侧和南侧两个入口处点缀了涂鸦的内容,通过色彩的点缀增加了院落空间的艺术气息,丰富了外部环境,如图 6.93 所示。

6.8.3 再生效果

建筑馆的成功改造不仅保留了原有场所的工业气氛,延续了旧工业厂房的历史,满足了学校对教学空间的需求,为整个校园创造了一处具有人文记忆且艺术氛围浓厚的积

图 6.92　入口处水池

图 6.93　墙面涂鸦

极空间。从规划设计方面来看，建筑系馆改造项目的成功为学校创造了巨大的宣传价值和研究价值，也为旧工业建筑改造成文教类建筑提供了宝贵的经验，在探索旧工业建筑改造的路上又多了一份成功的硕果。

这次系馆的改造不仅节省了资金，还最大限度地运用了生态改造的策略，创造了较大的经济效益、社会效益和环境效益。造价方面由新建建筑所需的 2000 元 /m² 降低到了 600 元 /m²，降幅超过了三分之一，共计节约建造费用近 900 万元，获得了行业内外的一致好评。

一期改造工程获得了成功，在此基础上建筑馆北侧的另一组旧工业厂房作为二期改扩建工程也已经完成，总体上使建筑馆的功能更加完善和自由。现在的内蒙古工业大学的建筑系馆呈现规模化、开放化地发展，已作为整个校园的文化交流、学习研究、接待参观、会议报告等功能的重要建筑来使用。

总之，建筑系馆的改造项目不但满足了其对建筑空间、教学教室等新功能的要求，也使废弃的旧工业建筑获得了重生，最终使得旧工业建筑改造实现人文、生态、经济的最大化。其的改造成功为建设绿色生态、可持续化的校园做出了贡献，为旧工业建筑再生利用为文教类建筑的研究提供了优秀的案例，为旧工业建筑的传承、保护与利用留下了辉煌的篇章。

参考文献

[1]   旧工业建筑再生利用技术标准 T/CMCA 4001—2017[S]. 北京：冶金工业出版社，
     2017.

[2]   李慧民. 旧工业建筑的保护与利用 [M]. 北京：中国建筑工业出版社，2015.

[3]   李慧民，陈旭. 旧工业建筑再生利用管理与实务 [M]. 北京：中国建筑工业出版社，
     2015.

[4]   李慧民，田卫，张扬，陈旭. 旧工业建筑再生利用评价基础 [M]. 北京：中国建筑工
     业出版社，2016.

[5]   李慧民，张扬，田卫，陈旭. 旧工业建筑绿色再生概论 [M]. 北京：中国建筑工业出版社，
     2017.

[6]   李慧民，裴兴旺，孟海，陈旭. 旧工业建筑再生利用结构安全检测与评定 [M]. 北京：
     中国建筑工业出版社，2017.

[7]   李慧民，裴兴旺，孟海，陈旭. 旧工业建筑再生利用施工技术 [M]. 北京：中国建筑
     工业出版社，2018.

[8]   朱玲. 旧住区人居环境有机更新延续性改造研究 [D]. 天津：天津大学，2007.

[9]   苏萤日. 生态旅游本土化发展方向及基于环境伦理的实证分析 [D]. 杭州：浙江大学，
     2014.

[10] 高明，成斌，等. 旧工业建筑生态改造策略研究——以上海申都大厦为例 [J]. 安徽
     建筑，2018，（1）：25-27+65.

[11] 张倩. 历史文化遗产资源周边建筑环境的保护与规划设计研究 [D] 西安：西安建筑
     科技大学，2011.

[12] 偶萍萍. 工业设备造型美的运用设计与研究 [D]. 天津：天津工业大学，2017.

[13] 吴小虎，李祥平. 城乡市政基础设施规划 [M]. 北京：中国建筑工业出版社，2016.

[14] 汤铭潭. 小城镇市政工程规划 [M]. 北京：机械工业出版社，2010.

[15] 王向荣，任京燕. 从工业废弃地到绿色公园——景观设计与工业废弃地的更新 [J].
     中国园林，2003，19（3）：11-18.

[16] 谢立辉，江文辉. 面向改、扩建的工厂总平面布置的改造与再生 [J]. 工业建筑，
     2005，35（8）：48-49.

[17] 苏妮. 深圳市功能置换型旧工业区的更新改造策略研究 [D]. 哈尔滨：哈尔滨工业大
     学，2010.

[18] 闫立惠. 杭州市中心城区历史建筑功能置换研究 [D]. 杭州：浙江大学，2011.

[19] 薛康. 历史街区保护中适应性交通规划策略研究——以青岛历史街区规划为例 [D].
     青岛：青岛理工大学，2012.

[20] 杨润. 基于城市街道特色塑造的环境小品设计研究——以深圳市深南中路街道环境为例 [D]. 武汉: 华中科技大学, 2012.

[21] 卢英杰. 旧厂区改造为文化产业园的景观设计研究 [D]. 西安: 西安建筑科技大学, 2013.